MES FICHES POUR LE BAC

2de

W0252740

Maths

Pierre-Antoine Desrousseaux

Nathan

Sommaire

Lue Relue Acquise

Méthodologie

Nombres et calculs

Arithmétique

Calcul numérique

Calcul littéral

Géométrie

Vecteurs

Géométrie plane

Trigonométrie

Géométrie dans un repère

© Nathan 2020, 25 avenue Pierre-de-Coubertin, 75013 Paris
ISBN : 978-2-09-157478-3

Sommaire

Réussir sa Seconde

1 Conseils pour la réussite

- Le programme de Seconde est un programme généraliste, qui travaille à la fois la géométrie, les probabilités, les fonctions... Il ne comporte pas de difficulté majeure si l'on **s'entraîne régulièrement** et si l'on **révise sérieusement** ses leçons et les exercices classiques (présentés dans cet ouvrage).
- Lors d'un devoir ou d'une interrogation : **soignez la présentation**, **lisez chaque exercice** en entier avant de commencer à y répondre (il est fréquent que la réponse à une question soit dans les questions suivantes), et n'oubliez pas de **vous relire**.
- La manipulation de la calculatrice est un des attendus du programme. C'est un outil de conjecture et de vérification très efficace. Il faut prendre le temps de se former (en utilisant les rabats de couverture Casio et Texas Instruments) et s'habituer à l'utiliser.
- Les algorithmes figurent au programme de Seconde. Il vous faut être **capable d'écrire, de lire et de faire fonctionner de petits algorithmes** dans des situations simples. Les fiches 36 et 37 et les rabats de couverture vous aideront à comprendre les principaux algorithmes.

2 Présentation de l'ouvrage

- Tout au long de l'année, ces fiches constituent une version synthétique du cours de votre professeur. Vous y trouverez les **notions essentielles** et des **exercices d'application** simples et corrigés qui vous permettront de savoir si les notions abordées sont acquises.
- Quelques jours avant un devoir sur table, utilisez ces fiches pour réviser l'essentiel du cours et revoir les exercices incontournables. Cet ouvrage privilégie une approche par compétence qui vous permet de vous tester immédiatement sur votre aptitude à maîtriser un outil de démonstration.
- Si vous souhaitez vous entraîner davantage et faire davantage d'exercices afin de consolider vos acquis, il existe d'autres ouvrages qui vous aideront à réaliser vos objectifs.

Reconnaître des diviseurs d'un nombre entier

1

☐ Lue ☐ Relue ☐ Acquise

1 L'essentiel du cours

A Diviseur et multiple

Définitions : a, b et c désignent trois nombres entiers non nuls tels que $a = bc$.
On dit alors que :

- b et c sont des **diviseurs** de a ;
- a est un **multiple** de b et de c.

Remarque
- 1 est un diviseur de tous les nombres entiers.
- 0 est un multiple de tous les nombres entiers.

Exemple : $15 = 3 \times 5$
Donc 3 et 5 sont des diviseurs de 15, et 15 est un multiple de 3 et de 5.
Les premiers multiples de 3 sont : 0 ; 3 ; 6 ; 9 ; 12 ; 15...
De plus, $15 = 1 \times 15 = 3 \times 5$.
On en déduit que les diviseurs de 15 sont 1 ; 3 ; 5 ; 15.

Propriété : d désigne un nombre entier.
Les multiples de d sont les nombres qui s'écrivent $d \times k$ avec $k \in \mathbb{Z}$.

Exemple : Les multiples de 3 sont les nombres qui s'écrivent $3k$ avec $k \in \mathbb{Z}$.

B Rappel : critères de divisibilité

Propriétés
- Un nombre entier est divisible par 2 lorsqu'il se termine par 0, 2, 4, 6 ou 8.
- Un nombre entier est divisible par 5 lorsqu'il se termine par 0 ou 5.
- Un nombre entier est divisible par 3 lorsque la somme de ses chiffres est divisible par 3.
- Un nombre entier est divisible par 9 lorsque la somme de ses chiffres est divisible par 9.

Exemple : 1 242 est divisible par 3. En effet, la somme de ses chiffres ($1 + 2 + 4 + 2 = 9$) est divisible par 3. (1 242 est aussi divisible par 2 et par 9.)

C Nombre pair et nombre impair

Propriétés :
- Les nombres pairs sont les nombres qui s'écrivent $2k$ avec $k \in \mathbb{Z}$.
- Les nombres impairs sont les nombres qui s'écrivent $2k + 1$ avec $k \in \mathbb{Z}$.

2 Applications

EXO 1 **1.** **Écrire la liste des diviseurs de 24 dans $\mathbb{N}$.**
2. **En déduire la liste des diviseurs de 24 dans $\mathbb{Z}$.**

Solution

1. $24 = 1 \times 24 = 2 \times 12 = 3 \times 8 = 4 \times 6$
Donc, dans $\mathbb{N}$, les diviseurs de 24 sont : 1 ; 2 ; 3 ; 4 ; 6 ; 8 ; 12 ; 24.

2. On en déduit que, dans $\mathbb{Z}$, les diviseurs de 24 sont : – 24 ; – 12 ; – 8 ; – 6 ; – 4 ; – 3 ; – 2 ; – 1 ; 1 ; 2 ; 3 ; 4 ; 6 ; 8 ; 12 ; 24.

> $\mathbb{N}$ est l'ensemble des entiers naturels : {0 ; 1 ; 2 ; 3...}.
> $\mathbb{Z}$ est l'ensemble des entiers relatifs : {... ; –3 ; –2 ; – 1 ; 0 ; 1 ; 2 ; 3...}.

EXO 2 **Donner la parité du nombre $N = n(2n - 3)$:**
1. **lorsque n est pair.**
2. **lorsque n est impair.**

Solution

1. Lorsque n est pair : $n = 2k$ avec $k \in \mathbb{Z}$.
Donc $N = 2k(2 \times 2k - 3)$
$= 2k(4k - 3)$.
Ainsi, $N = 2K$ avec $K = k(4k - 3)$, donc N est pair.

> Essayer d'écrire N sous la forme $2K$ (N est alors pair) ou $2K + 1$ (N est alors impair).

2. Lorsque n est impair : $n = 2k + 1$ avec $k \in \mathbb{Z}$.
Donc $N = (2k + 1)(2 \times (2k + 1) - 3) = (2k + 1)(4k + 2 - 3)$.
Ainsi, $N = (2k + 1)(4k - 1) = 8k^2 + 2k - 1 = 2(4k^2 + k - 1) + 1 = 2K + 1$ avec $K = 4k^2 + k - 1$, donc N est impair.

Mémo'Quiz

1. Le nombre 16 possède cinq diviseurs dans $\mathbb{N}$. ❑ Vrai ❑ Faux
2. Le nombre 16 possède dix diviseurs dans $\mathbb{Z}$. ❑ Vrai ❑ Faux
3. Dans $\mathbb{N}$, les trois premiers multiples de 8 sont : 8 ; –16 ; 24. ❑ Vrai ❑ Faux
4. Le nombre $M = 5n + 3$ est pair lorsque n est pair. ❑ Vrai ❑ Faux
5. Le nombre $P = 4n + 2$ est impair lorsque n est impair. ❑ Vrai ❑ Faux

→ corrigés p. 79

Décomposer en produit de facteurs premiers

2

Lue Relue Acquise

1 L'essentiel du cours

A Nombre premier

Définition : Un **nombre premier** est un nombre qui a exactement deux diviseurs : 1 et lui-même.

Exemples : 2 ; 3 ; 5 ; 7 ; 11 ; 13 ; 17 ; 19 ; 23 ; 29 ; 31 ; 37 sont les nombres premiers inférieurs à 40.

Piège à éviter

1 n'est pas un nombre premier, car il n'a qu'un seul diviseur.

Propriété : Tout nombre entier naturel supérieur ou égal à 2 se décompose, de façon unique, en un produit de nombres premiers.

Exemple : $150 = 2 \times 3 \times 5 \times 5 = 2 \times 3 \times 5^2$

On dit que $2 \times 3 \times 5^2$ est la décomposition de 150 en produit de facteurs premiers.

B Fraction irréductible

Définition : Une **fraction** $F = \frac{a}{b}$ est **irréductible** lorsque son numérateur a et son dénominateur b n'ont pas de diviseur en commun autre que 1.

Exemple : La fraction $F = \frac{4}{3}$ est irréductible, mais pas la fraction $G = \frac{18}{4}$.

2 Applications

EXO 1 **Donner les nombres premiers compris entre 60 et 70.**

Solution

Pour chaque nombre, on regarde s'il possède un autre diviseur que 1 et lui-même.

60 ; 62 ; 64 ; 66 ; 68 ; 70 sont divisibles par 2, donc ils ne sont pas premiers.
63 ; 69 sont divisibles par 3, donc ils ne sont pas premiers.
65 est divisible par 5, donc il n'est pas premier.
61 et 67 ne sont divisibles que par 1 et eux-mêmes, donc ils sont premiers.

Décomposer en produit de facteurs premiers

EXO 2 **1.** Écrire la décomposition en produit de facteurs premiers de :

a. 600 **b.** 180

2. Écrire la fraction $F = \frac{180}{600}$ sous forme irréductible.

Solution

1. a.

600	2
300	2
150	2
75	3
25	5
5	5
1	

b.

180	2
90	2
45	3
15	3
5	5
1	

Utiliser la disposition ci-contre en faisant apparaître les diviseurs premiers par ordre croissant.

Ainsi, $600 = 2^3 \times 3 \times 5^2$. Ainsi, $180 = 2^2 \times 3^2 \times 5$.

2. $F = \frac{180}{600} = \frac{2^2 \times 3^2 \times 5}{2^3 \times 3 \times 5^2}$

$F = \frac{\cancel{2} \times \cancel{2} \times \cancel{3} \times 3 \times \cancel{5}}{\cancel{2} \times \cancel{2} \times 2 \times \cancel{3} \times \cancel{5} \times 5} = \frac{3}{2 \times 5} = \frac{3}{10}$

Simplifier la fraction en utilisant la décomposition de produit de facteurs premiers du numérateur et du dénominateur.

Mémo'Quiz

1. Le nombre indiqué est un nombre premier :

❑ 72 ❑ 43 ❑ 35

2. La décomposition de 270 en produit de facteurs premiers est :

❑ $2 \times 3^3 \times 5$ ❑ $2 \times 9 \times 5$ ❑ $2^2 \times 3^2 \times 5$

3. La décomposition de 525 en produit de facteurs premiers est :

❑ $3 \times 5 \times 7$ ❑ $2 \times 3^2 \times 7$ ❑ $3 \times 5^2 \times 7$

4. $F = \frac{525}{270}$ est égale à la fraction irréductible :

❑ $\frac{12}{7}$ ❑ $\frac{35}{18}$ ❑ $\frac{7}{10}$

→ corrigés p. 79

Comprendre la notion d'intervalle

3

☐ Lue ☐ Relue ☐ Acquise

1 L'essentiel du cours

A Les différents ensembles de nombres

$\mathbb{N}$: ensemble des entiers naturels :
0, 1, 2 ...

$\mathbb{Z}$: ensemble des entiers relatifs :
... ; − 2 ; − 1 ; 0 ; 1 ; 2...

$\mathbb{Q}$: ensemble des rationnels :
$-2 ; \frac{3}{4} ; -\frac{1}{10}$...

$\mathbb{R}$: ensemble des réels qui contient tous les autres ensembles mais aussi les nombres irrationnels tels que $\sqrt{3}$; π ; $-\sqrt{2}$...

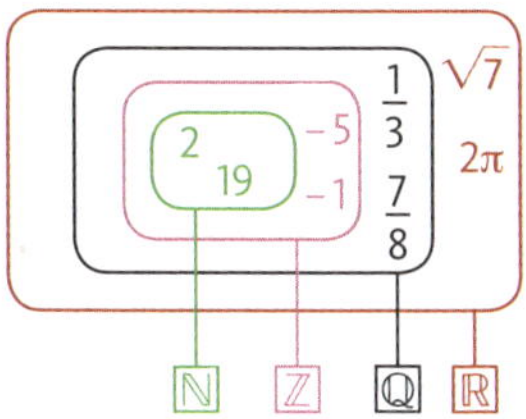

B Intervalles de $\mathbb{R}$

● **Principe :** On peut représenter l'ensemble $\mathbb{R}$ des réels sur une droite graduée de $-\infty$ à $+\infty$. Un intervalle de $\mathbb{R}$ est l'ensemble de tous les réels compris entre deux valeurs *a* et *b* appelées bornes de cet intervalle.

● **Tableau récapitulatif des différents cas**

Intervalle	Bornes	x appartient à cet intervalle s'écrit :	Représentation sur la droite graduée
$[a ; b]$	*a* et *b* compris	$x \in [a ; b]$ ou $a \leqslant x \leqslant b$	$-\infty$ a b $+\infty$
$[a ; b[$	*a* compris, *b* exclu	$x \in [a ; b[$ ou $a \leqslant x < b$	$-\infty$ a b $+\infty$
$]a ; b]$	*a* exclu, *b* compris	$x \in]a ; b]$ ou $a < x \leqslant b$	$-\infty$ a b $+\infty$
$]a ; b[$	*a* et *b* exclus	$x \in]a ; b[$ ou $a < x < b$	$-\infty$ a b $+\infty$
$]-\infty ; c]$	*c* compris	$x \in]-\infty ; c]$ ou $x \leqslant c$	$-\infty$ c $+\infty$
$]-\infty ; c[$	*c* exclu	$x \in]-\infty ; c[$ ou $x < c$	$-\infty$ c $+\infty$
$[c ; +\infty[$	*c* compris	$x \in [c ; +\infty[$ ou $x \geqslant c$	$-\infty$ c $+\infty$
$]c ; +\infty[$	*c* exclu	$x \in]c ; +\infty[$ ou $x > c$	$-\infty$ c $+\infty$

2 Application

EXO I et J désignent les intervalles : $I = [-2\,;3[$ et $J =]-\infty\,;1]$.

1. Représenter ces intervalles sur la droite graduée des réels.

2. a. Représenter en rouge, sur une même droite graduée, les réels qui sont dans l'intervalle I et dans l'intervalle J.
On note $I \cap J$ cet ensemble.

b. Représenter en vert, sur une même droite graduée, les réels qui sont dans l'intervalle I ou dans l'intervalle J.
On note $I \cup J$ cet ensemble.

Solution

1.

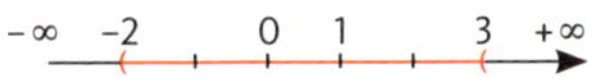

$I = [-2\,;3[$

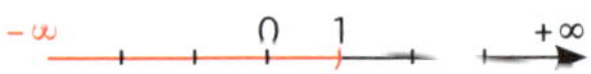

$J =]-\infty\,;1]$

On commence par placer les bornes des intervalles, puis les crochets.

2. a.

$I \cap J = [-2\,;1]$.

On représente les deux intervalles puis, en rouge, ce qui est en commun.
$I \cap J$ se lit « I inter J ».

b.

$I \cup J =]-\infty\,;3[$.

On représente les deux intervalles puis, en vert, ce qui est dans l'un ou dans l'autre.
$I \cup J$ se lit « I union J »

Mémo'Quiz

On pose $I = [-4\,;7]$ et $J =]3\,;+\infty[$.

1. $x \in I$ est équivalent à : ❑ $x \leqslant 7$ ❑ $-4 \leqslant x < 7$ ❑ $-4 \leqslant x \leqslant 7$

2. $x \in J$ est équivalent à : ❑ $x \geqslant 3$ ❑ $x < 3$ ❑ $x > 3$

3. $I \cap J$ est l'intervalle : ❑ $[-4\,;+\infty[$ ❑ $]3\,;7[$ ❑ $]3\,;7]$

4. $I \cup J$ est l'intervalle : ❑ $[-4\,;+\infty[$ ❑ $[-4\,;7]$ ❑ $]3\,;+\infty[$

➜ corrigés p. 79

Passer d'une valeur absolue à un intervalle, et inversement

4

Lue Relue Acquise

1 L'essentiel du cours

A Distance entre deux nombres réels et valeur absolue

Définitions : On place sur une droite graduée les points A d'abscisse a et B d'abscisse b.

- La **distance entre les nombres** a et b est égale à la longueur AB.
- Cette distance s'écrit aussi $|a - b|$ (ou $|b - a|$) et se lit « **valeur absolue** de a moins b (ou de b moins a) ».

Dans le cas où $a > b$:
(c'est-à-dire $a - b > 0$)

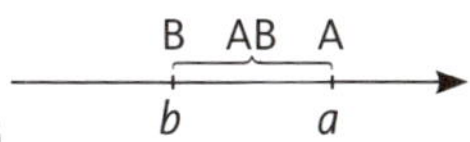

$|a - b| = AB = a - b$

Dans le cas où $a < b$:
(c'est-à-dire $a - b < 0$)

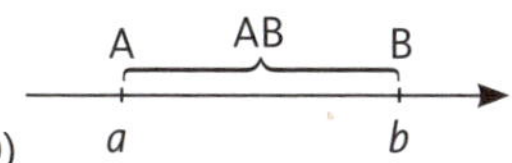

$|a - b| = AB = b - a$

Remarque :

$$|a| = \begin{cases} a \text{ si } a > 0 \\ -a \text{ si } a < 0 \end{cases}$$

Exemples : $|3| = 3$ et $|-15| = 15$.

B Valeur absolue et intervalle

Propriétés : b et r désignent des nombres réels avec $r > 0$.
B est le point d'abscisse b et M est un point d'abscisse x.

- $|x - b| < r$ est équivalent à $BM < r$, c'est-à-dire $x \in]b - r\,;\, b + r[$.

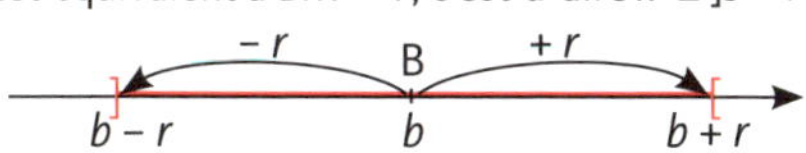

- $|x - b| \leqslant r$ est équivalent à $BM \leqslant r$, c'est-à-dire $x \in [b - r\,;\, b + r]$.

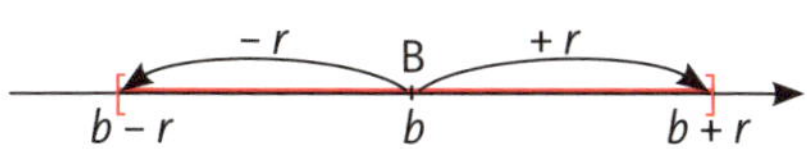

2 Applications

EXO 1 **Dans chaque cas, représenter l'ensemble des x en rouge sur une droite graduée, et écrire les solutions des questions 2. et 3. sous forme d'intervalles.**

1. $|x-2|=3$ **2.** $|x+1| \leqslant 4$ **3.** $|x-5|>2$

Solution

1.

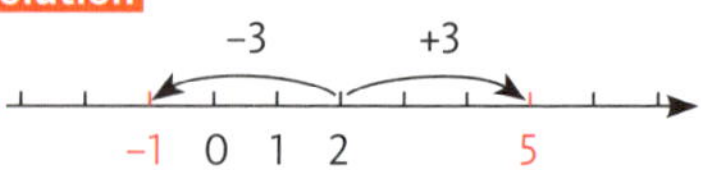

> Écrire la valeur absolue proposée sous la forme $|x-b|$, puis appliquer la définition ou la propriété.

Donc $|x-2|=3$ équivaut à $x=-1$ ou $x=5$.

2.

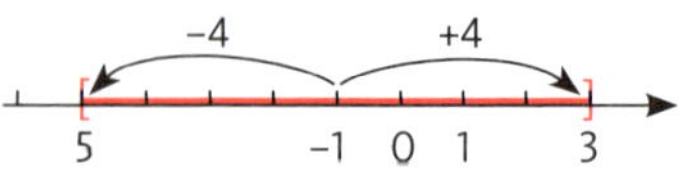

Donc $|x+1| \leqslant 4$ équivaut à $|x-(-1)| \leqslant 4$, c'est-à-dire $x \in [-5\,;3]$.

3.

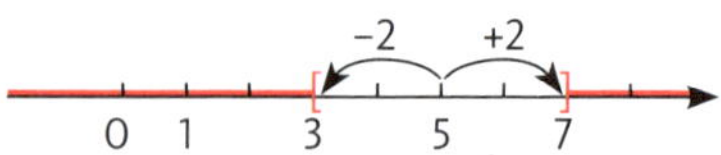

Donc $|x-5|>2$ équivaut à $x \in\,]-\infty\,;3[\, \cup\,]7\,;+\infty[$.

EXO 2 **Représenter l'intervalle $]-3\,;7[$ sur une droite graduée et traduire la condition $x \in\,]-3\,;7[$ avec une valeur absolue.**

Solution

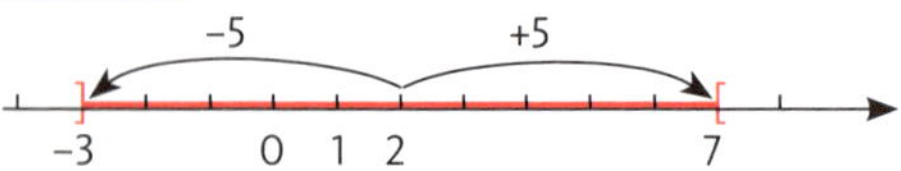

Ainsi, $x \in\,]-3\,;7[$ est équivalent à $|x-2|<5$.

Mémo'Quiz

1. $|x+1|<2$ équivaut à $x \in\,]-1\,;2[$. ❑ Vrai ❑ Faux
2. $|x-7|=18$ équivaut à $x=-11$ ou $x=25$. ❑ Vrai ❑ Faux
3. $x \in [-8\,;10]$ équivaut à $|x-1| \leqslant 9$. ❑ Vrai ❑ Faux

→ corrigés p. 79

Calculer avec des puissances, des racines carrées

5

Lue Relue Acquise

1 L'essentiel du cours

A Règles de calcul avec les puissances

Définition : a désigne un réel et n un entier naturel :

$$a^n = \underbrace{a \times a \times \ldots \times a}_{n \text{ fois}}$$

Notations :

- $a^{-n} = \dfrac{1}{a^n} = \dfrac{1}{\underbrace{a \times a \times \ldots \times a}_{n \text{ fois}}}$
- $a^1 = a$
- Pour tout $a \neq 0$, $a^0 = 1$.

Propriété 1 :

- $a^n \times a^p = a^{n+p}$
- $\dfrac{a^n}{a^p} = a^n \times a^{-p} = a^{n-p}$
- $(a^n)^p = a^{n \times p}$

Propriété 2 :

- $a^n \times b^n = (a \times b)^n$
- $\dfrac{a^n}{b^n} = \left(\dfrac{a}{b}\right)^n$ (avec $b \neq 0$)

Piège à éviter

Il n'existe pas de règle avec $a^n + b^n$ ou $a^n - b^n$ ou $a^n \times b^p$ ou $\dfrac{a^n}{b^p}$.

B Règles de calcul avec les racines carrées

Définition : a désigne un réel positif ou nul.
La **racine carrée de a** est le réel qui, élevé au carré, donne a.

Propriété 3 :

- $(\sqrt{a})^2 = a$
- $\sqrt{a}$ n'a de sens que lorsque $a \geqslant 0$.
- $\sqrt{a^2} = \begin{cases} a \text{ si } a \geqslant 0 \\ -a \text{ si } a < 0 \end{cases}$

Remarque

$\sqrt{0} = 0$ et $\sqrt{1} = 1$.

Propriété 4 :
a et b désignent des réels positifs, $b \neq 0$.

- $\sqrt{a \times b} = \sqrt{a} \times \sqrt{b}$
- $\sqrt{\dfrac{a}{b}} = \dfrac{\sqrt{a}}{\sqrt{b}}$

Piège à éviter

Il n'existe pas de règle avec $\sqrt{a+b}$ ou $\sqrt{a-b}$.

2 Applications

EXO 1 **Simplifier au maximum les expressions ci-dessous.**

1. $A = \dfrac{10^3 \times 10^{-2} \times 10^{20}}{(10^7)^3}$ **2.** $B = \dfrac{(2^3)^2 \times (3^2)^3}{(2 \times 3)^5}$

Solution

1. $A = \dfrac{10^{3-2+20}}{10^{7 \times 3}} = \dfrac{10^{21}}{10^{21}}$

$A = 10^{21-21} = 10^0$

$A = 1.$

On utilise la propriété 1 et les notations.

2. $B = \dfrac{2^{3\times 2} \times 3^{2 \times 3}}{2^5 \times 3^5} = \dfrac{2^6 \times 3^6}{2^5 \times 3^5}$

$B = \dfrac{2^6}{2^5} \times \dfrac{3^6}{3^5} = 2^{6-5} \times 3^{6-5}$

$B = 2^1 \times 3^1 = 2 \times 3 = 6.$

On utilise les propriétés 1 et 2 et les notations.

EXO 2 **Simplifier au maximum l'expression : $C = 3\sqrt{20} - \sqrt{15} \times \sqrt{3}$.**

Solution

$C = 3\sqrt{4 \times 5} - \sqrt{15 \times 3}$

$C = 3\sqrt{2^2 \times 5} - \sqrt{3^2 \times 5}$

$C = 3 \times 2\sqrt{5} - 3\sqrt{5}$

$C = 6\sqrt{5} - 3\sqrt{5}$

$C = 3\sqrt{5}.$

- On fait apparaître des carrés sous la racine carrée.
- On utilise les propriétés 3 et 4.

Mémo'Quiz

1. $A = \dfrac{(10^{10})^2 \times 10^{-20}}{10^1}$ est égal à : ❑ 0,1 ❑ 10 ❑ 1

2. $B = \dfrac{2^5 \times 5^3 \times 10}{(2 \times 5)^4}$ est égal à : ❑ 10 ❑ 4 ❑ 40

3. $C = 5\sqrt{8} - 2\sqrt{16} \times \sqrt{2}$ est égal à : ❑ $\sqrt{2}$ ❑ $2\sqrt{2}$ ❑ $-3\sqrt{2}$

4. $D = \dfrac{7\sqrt{3} - 4\sqrt{27}}{\sqrt{75}}$ est égal à : ❑ -1 ❑ $-5\sqrt{3}$ ❑ $\dfrac{1}{5\sqrt{3}}$

→ corrigés p. 79

Développer, factoriser une expression

6

X Lue ☐ Relue ☐ Acquise

1 Les principales situations

Définitions :

- **Développer** une expression, c'est l'écrire sans parenthèses.
- **Factoriser** une expression, c'est l'écrire sous la forme d'un produit de facteurs.
- **Réduire** une expression, c'est l'écrire sous sa forme développée la plus simplifiée.

Propriété 1 :

Formes factorisées		Formes développées
$a(b+c)$	=	$ab + ac$
$a(b-c)$	=	$ab - ac$
$(a+b)(c+d)$	=	$ac + ad + bc + bd$

Propriété 2 : Les identités remarquables

Formes factorisées		Formes développées
$(a+b)^2$	=	$a^2 + 2ab + b^2$
$(a-b)^2$	=	$a^2 - 2ab + b^2$
$(a+b)(a-b)$	=	$a^2 - b^2$

Piège à éviter

Il n'existe pas d'identité remarquable utilisant $a^2 + b^2$.

Propriété 3 : $\frac{A}{B} = 0$ si, et seulement si, $A = 0$ et $B \neq 0$.

$A \times B = 0$ si, et seulement si, $A = 0$ ou $B = 0$.

2 Applications

EXO 1 **Développer chacune des expressions ci-dessous.**

1. $A(x) = (3x + 2)^2 - 5(x - 1)$.

2. $B(x) = (7x - 4)(7x + 4) - (2x + 3)(4x - 1)$.

Solution

1. $A(x) = (3x)^2 + 2 \times 3x \times 2 + 2^2 - (5x - 5)$

$A(x) = 9x^2 + 12x + 4 - 5x + 5$

$A(x) = 9x^2 + 7x + 9$.

> On utilise la propriété 1 pour écrire l'expression sans parenthèses et, s'il y a des identités remarquables, la propriété 2.

2. $B(x) = (7x)^2 - 4^2 - [2x \times 4x + 2x \times (-1) + 3 \times 4x + 3 \times (-1)]$

$B(x) = 49x^2 - 16 - [8x^2 - 2x + 12x - 3]$

$B(x) = 49x^2 - 16 - 8x^2 + 2x - 12x + 3$

$B(x) = 41x^2 - 10x - 13$.

> Procéder pas à pas, ne pas hésiter à écrire des étapes intermédiaires afin d'éviter les erreurs de signe.

EXO 2 **Factoriser chacune des expressions ci-dessous.**

1. $C(x) = 5x - 10$.

2. $D(x) = (8x + 3)(2 - 4x) - (8x + 3)(x + 1)$.

Solution

1. $C(x) = 5x - 5 \times 2$

$C(x) = 5\,(x - 2)$.

2. $D(x) = (8x + 3)(2 - 4x) - (8x + 3)(x + 1)$

$D(x) = (8x + 3)((2 - 4x) - (x + 1))$

$D(x) = (8x + 3)(2 - 4x - x - 1)$

$D(x) = (8x + 3)(-5x + 1)$.

- Reconnaître le facteur commun.
- Mettre ce facteur devant une parenthèse ouverte dans laquelle on écrit ce qui reste de l'expression.

EXO 3 **1.** **Factoriser l'expression $E(x) = (3x + 2)^2 + 5(3x + 2)$.**

2. **Résoudre l'équation $E(x) = 0$.**

Solution

1. $E(x) = (3x + 2)\,(3x + 2) + 5(3x + 2)$

$E(x) = (3x + 2)\,((3x + 2) + 5)$

$E(x) = (3x + 2)\,(3x + 7)$.

Pour la résolution de la question **2**, on utilise la propriété vue en Troisième : un produit de facteurs est nul si, et seulement si, l'un des facteurs est nul.

2. $E(x) = 0$ est équivalent à
$(3x + 2)\,(3x + 7) = 0$. Donc soit $3x + 2 = 0$, c'est-à-dire $x = -\frac{2}{3}$;
soit $3x + 7 = 0$, c'est-à-dire $x = -\frac{7}{3}$.
$-\frac{2}{3}$ et $-\frac{7}{3}$ sont les solutions de l'équation $E(x) = 0$.

Mémo'Quiz

On donne $A(x) = (2x - 7)^2 + 4x$; $B(x) = (-7x + 3)\,(2x + 3)$;
$C(x) = (2x + 3)(x + 1) - (2x + 3)^2$.

1. La forme développée de $A(x)$ est :

❑ $4x^2 + 4x - 49$ ❑ $4x^2 - 10x - 49$ ❑ $4x^2 - 24x + 49$

2. La forme factorisée de $C(x)$ est :

❑ $(2x + 3)\,(-x + 4)$ ❑ $(2x + 3)\,(-x - 2)$ ❑ $(2x + 3)\,(x - 4)$

3. $C(x) = 0$ lorsque :

❑ $x = -2$ ou $x = -\frac{3}{2}$ ❑ $x = 4$ ou $x = \frac{3}{2}$ ❑ $x = -4$ ou $x = -\frac{3}{2}$

4. $\frac{B(x)}{C(x)} = 0$ si, et seulement si :

❑ $x = \frac{3}{7}$ ou $x = -\frac{3}{2}$ ❑ $x = \frac{3}{7}$ ❑ $x = -2$ ou $x = -\frac{3}{2}$

→ corrigés p. 79

Résoudre une équation, une inéquation

7

Lue Relue Acquise

1 Les principales situations rencontrées

A Équations

Définition : Résoudre une équation c'est trouver, si elles existent, toutes les valeurs de l'inconnue pour laquelle l'égalité est vraie.

Exemple : -2 n'est pas solution de l'équation $2x + 3 = 7$.

En effet, $2 \times (-2) + 3 = -1 \neq 7$.

2 est solution de l'équation $2x + 3 = 7$. En effet, $2 \times 2 + 3 = 7$.

Résolution de l'équation $2x + 3 = 7$:

$2x = 7 - 3$ donc $2x = 4$ d'où $x = \frac{4}{2} = 2$.

Propriété : a désigne un nombre réel.

- Si $a > 0$, alors l'équation $x^2 = a$ possède deux solutions : $x = -\sqrt{a}$ et $x = \sqrt{a}$.
- Si $a = 0$, alors l'équation $x^2 = a$ possède une seule solution : $x = 0$.
- Si $a < 0$, alors l'équation $x^2 = a$ ne possède pas de solution.

Propriétés :

- $A \times B = 0$ équivaut à $A = 0$ ou $B = 0$.
- $\frac{A}{B} = 0$ équivaut à $A = 0$ **et** $B \neq 0$.

B Inéquations

Définition : Résoudre une inéquation, c'est trouver, si elles existent, toutes les valeurs de l'inconnue pour laquelle l'inégalité est vraie.

Exemple :

Résolution de l'inéquation $-2x + 1 \leqslant 9$:

$-2x \leqslant 9 - 1$ donc $-2x \leqslant 8$ d'où $x \geqslant \frac{8}{-2}$.

Ainsi, $x \geqslant -4$.

Les solutions de cette inéquation sont les nombres de l'intervalle $[-4 ; +\infty[$.

Réflexe à avoir

Multiplier ou diviser les deux membres d'une inéquation **par un nombre négatif** change le sens de l'inégalité.

2 Applications

EXO 1 **Résoudre les équations suivantes :**

1. $7x - 3 = -2x + 6$ **2.** $x^2 = 16$

3. $(2x + 1)(x - 3) = 0$ **4.** $\dfrac{2x+1}{x-3} = 0$

Solution

1. $7x - (-2x) = 6 - (-3)$ donc $9x = 9$ d'où $x = \dfrac{9}{9}$ et $x = 1$.
La solution de cette équation est 1.

2. $x^2 = 16$ équivaut à $x = -\sqrt{16} = -4$ ou $x = \sqrt{16} = 4$.
Les solutions de cette équation sont – 4 et 4.

3. $(2x + 1)(x - 3) = 0$ équivaut à $2x + 1 = 0$ ou $x - 3 = 0$, c'est-à-dire $x = -\dfrac{1}{2}$ ou $x = 3$.

Les solutions de cette équation sont $-\dfrac{1}{2}$ et 3.

4. $\dfrac{2x+1}{x-3} = 0$ équivaut, d'après la question **3.**, à $x = -\dfrac{1}{2}$ et $x \neq 3$.
La solution de cette équation est $-\dfrac{1}{2}$ (et on dit que 3 est une valeur interdite).

EXO 2 **Résoudre les inéquations suivantes :**

1. $-4x + 1 < 6x + 5$ **2.** $1 + 2x \geqslant x - 2$

Solution

1. $-4x - 6x < 5 - 1$ donc $-10x < 4$, d'où $x > \dfrac{4}{-10}$ ainsi $x > -0{,}4$.
$-4x + 1 < 6x + 5$ est équivalent à $x \in]-0{,}4\,;+\infty[$.

2. $2x - x \geqslant -2 - 1$ donc $x \geqslant -3$.
$1 + 2x \geqslant x - 2$ est équivalent à $x \in [-3\,;+\infty[$.

Mémo'Quiz

1. -3 est solution de l'équation $7x + 1 = 4 - 5x$. ❑ Vrai ❑ Faux
2. -5 et 5 sont les solutions de l'équation $x^2 = -25$. ❑ Vrai ❑ Faux
3. $(2x - 4)(2 - 4x) = 0$ a pour solutions 0,5 et 2. ❑ Vrai ❑ Faux
4. $7x + 2 < 9$ équivaut à $x \in]-\infty\,;1[$. ❑ Vrai ❑ Faux
5. $2x + 3 \geqslant 5x - 6$ équivaut à $x \geqslant 3$. ❑ Vrai ❑ Faux

→ corrigés p. 79

Dresser un tableau de signes

8

Lue Relue Acquise

1 Les principales situations

A Principe

L'étude du signe d'une expression algébrique est présente dans les exercices sous différentes formes : montrer que $A(x) \geqslant 0$; déterminer les x tels que $B(x) < 0$; étudier le signe de $C(x)$; déterminer les x tels que $D(x) \geqslant E(x)$, c'est-à-dire tels que $D(x) - E(x) \geqslant 0$.
On présente ici l'essentiel des résultats à connaître.

Propriété 1 :
- Un carré est toujours positif ou nul.
- Une racine carrée est toujours positive ou nulle.

Piège à éviter
Attention ! $\sqrt{a}$ n'est définie que pour $a \geqslant 0$.

Propriété 2 : Pour $a > 0$

x	$-\infty$		$-\frac{b}{a}$		$+\infty$
$ax+b$		$-$	0	$+$	

Pour $a < 0$

x	$-\infty$		$-\frac{b}{a}$		$+\infty$
$ax+b$		$+$	0	$-$	

B Tableau de signes (sur un exemple)

On s'intéresse au signe de l'expression $A(x) = \dfrac{(x-3)^2(-2x-8)}{(4x-20)}$.
Pour cela, on dresse un tableau de signes.

x	$-\infty$		-4		3		5		$+\infty$
$(x-3)^2$		$+$		$+$	0	$+$		$+$	
$-2x-8$		$+$	0	$-$		$-$		$-$	
$4x-20$		$-$		$-$		$-$	0	$+$	
$A(x)$		$-$	0	$+$	0	$+$	‖	$-$	

- $(x-3)^2 \geqslant 0$ et $(x-3)^2 = 0$ lorsque $x = 3$.
- $-2x-8 = 0$ lorsque $x = -4$ et on utilise la propriété 2 avec $a = -2 < 0$.
- $4x-20 = 0$ lorsque $x = 5$ et on utilise la propriété 2 avec $a = 4 > 0$.

On utilise les règles habituelles : « + par − donne − » ; « + par + donne + » ...

Lorsque l'expression n'est pas définie en une valeur de x : on place une double barre verticale.

Ainsi, $A(x) < 0$ lorsque $x \in]-\infty\,;-4[\cup]5\,;+\infty[$
et $A(x) \geqslant 0$ lorsque $x \in [-4\,;5[$.

2 Applications

EXO 1 Dresser le tableau de signes de $A(x) = \dfrac{5x^2(2x+6)}{4-x}$.

Solution

x	$-\infty$		-3		0		4		$+\infty$
$5x^2$		+	|	+	0	+	|	+	
$2x+6$		−	0	+	|	+	|	+	
$4-x$		+	|	+	|	+	0	−	
$A(x)$		−	0	+	0	+	||	−	

Placer, dans le tableau de signes, chacun des termes de l'expression. Un carré est toujours positif ou nul.
Attention, on met une double barre en $x = 4$ car $4 - x$ ne peut pas être égal à 0.

EXO 2 Pour quelles valeurs de x a-t-on $(2x+1)^2 < 5(2x+1)$?

Solution

- $(2x+1)^2 < 5(2x+1)$ est équivalent à $(2x+1)^2 - 5(2x+1) < 0$.
- $E(x) = (2x+1)^2 - 5(2x+1)$
  $E(x) = (2x+1)[(2x+1) - 5]$
  $E(x) = (2x+1)(2x-4)$.

x	$-\infty$		$-\frac{1}{2}$		2		$+\infty$
$2x+1$		−	0	+	|	+	
$2x-4$		−	|	−	0	+	
$E(x)$		+	0	−	0	+	

- Ainsi, $E(x) < 0$, c'est-à-dire $(2x+1)^2 < 5(2x+1)$ lorsque $x \in \left]-\frac{1}{2} ; 2\right[$.

- $C(x) < D(x)$ revient à $C(x) - D(x) < 0$.
- On factorise la nouvelle expression : voir fiche 7.
- On dresse le tableau de signes.
- On conclut.

Mémo'Quiz

1. $(1-2x)(4x+3)^2 \geqslant 0$ lorsque $x \in \left]-\infty ; \frac{1}{2}\right]$. ❑ Vrai ❑ Faux
2. $\dfrac{(3x+1)^2(x+1)}{(x+2)} \leqslant 0$ si, et seulement si, $x \in]-2 ; -1]$. ❑ Vrai ❑ Faux
3. $(3x+6)(x-4) > (2x-6)(3x+6)$
si, et seulement si, $x \in]-\infty ; -2[\cup]2 ; +\infty[$. ❑ Vrai ❑ Faux

➜ corrigés p. 79

Utiliser les coordonnées de points

9

Lue Relue Acquise

1 L'essentiel du cours

A Repère

Définitions : • Dans un repère (O ; I, J), le point O est l'**origine** du repère et les points I et J indiquent la graduation d'une unité sur chaque axe.
• Un **repère** (O ; I, J) est **orthogonal** lorsque (OI) ⊥ (OJ).
• Un **repère** (O ; I, J) est **orthonormé** lorsque (OI) ⊥ (OJ) et que OI = OJ = 1.

B Propriétés

Propriété 1 : Dans un repère (O ; I, J), on note $A(x_A ; y_A)$ et $B(x_B ; y_B)$.
Le milieu K de [AB] a pour coordonnées :

$$x_K = \frac{x_A + x_B}{2} \text{ et } y_K = \frac{y_A + y_B}{2}$$

Propriété 2 : Dans un repère (O ; I, J) **orthonormé**, on note $A(x_A ; y_B)$ et $B(x_B ; y_B)$.

$$AB = \sqrt{(x_B - x_A)^2 + (y_B - y_A)^2}$$

Piège à éviter

Cette deuxième propriété est fausse si le repère (O ; I, J) n'est pas orthonormé.

Remarque :
Plusieurs propriétés permettent désormais de calculer une longueur : la propriété de Pythagore, la propriété de Thalès, la propriété 2 dans un repère orthonormé, la trigonométrie dans un triangle rectangle.

2 Applications

EXO 1 **Dans un repère (O ; I, J), on donne A(6 ; 2), B(12 ; 3), C (14 ; 6) et D (8 ; 5).**
Démontrer que le quadrilatère ABCD est un parallélogramme.

Solution

On note K le milieu de [AC].

$x_K = \frac{6 + 14}{2} = 10$ et $y_K = \frac{2 + 6}{2} = 4$.

On note L le milieu de [BD].

$x_L = \frac{12 + 8}{2} = 10$ et $y_L = \frac{3 + 5}{2} = 4$.

Ainsi, K = L, les diagonales [AC] et [BD] se coupent en leur milieu, donc ABCD est un parallélogramme.

Revoir les propriétés du parallélogramme rappelées en fiche 15 afin d'utiliser la plus appropriée.

EXO 2 **ABCD est le carré ci-contre de côté 2 cm ; E est le symétrique de C par rapport à D ; F ∈ [BC] et BF = $\frac{1}{4}$ BC.**

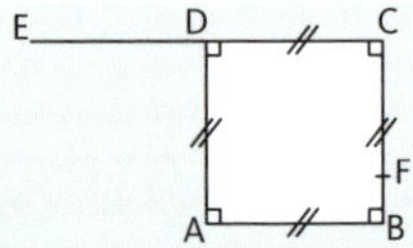

1. Dans un repère orthonormé judicieusement choisi, indiquer les coordonnées de tous les points.

2. Calculer la longueur EF, puis la longueur DF.

3. En déduire le périmètre, arrondi au centième, du triangle DEF.

Solution

1. On choisit le repère (A ; I, J) où I et J sont les milieux de [AB] et [AD].
Dans ce repère : A(0 ; 0), I(1 ; 0), J(0 ; 1), B(2 ; 0), C(2 ; 2), D(0 ; 2), E(– 2 ; 2), F(2 ; 0,5).

> Pour choisir le repère le plus approprié, on cherche deux droites perpendiculaires (les axes) sur lesquelles on peut facilement définir 1 unité = 1 cm.

2. $\text{EF} = \sqrt{(2-(-2))^2+(0{,}5-2)^2}$
$= \sqrt{4^2+(-1{,}5)^2} = \sqrt{16+2{,}25}$
$= \sqrt{18{,}25}$ cm.

> On utilise la propriété 2 du cours.

$\text{DF} = \sqrt{(2-0)^2+(0{,}5-2)^2}$
$= \sqrt{2^2+(-1{,}5)^2}$
$= \sqrt{6{,}25}$ cm.

3. Le périmètre du triangle DEF est donc :
$\text{ED} + \text{DF} + \text{EF} = 2 + \sqrt{6{,}25} + \sqrt{18{,}25} \approx 8{,}77$ cm.

Mémo'Quiz

Dans un repère orthonormé (O ; I, J), on donne A(– 9 ; – 4), B(10 ; 2), C(14 ; 6) et D(– 4 ; 4).

1. Le milieu de [AC] a pour coordonnées (– 6 ; 1). ❑ Vrai ❑ Faux

2. ABCD est un parallélogramme. ❑ Vrai ❑ Faux

3. $\text{CD}^2 = 328$. ❑ Vrai ❑ Faux

4. $\text{BC} = 4\sqrt{2}$. ❑ Vrai ❑ Faux

→ corrigés p. 79

Comprendre la notion de vecteur

10

Lue Relue Acquise

1 L'essentiel du cours

A Translation de vecteur $\overrightarrow{AB}$

Définition : La **translation de vecteur $\overrightarrow{AB}$**, qui transforme A en B, transforme tout point C en D tels que DCAB est un parallélogramme.

Remarque
Dans ce cas, [AD] et [BC] ont même milieu I.

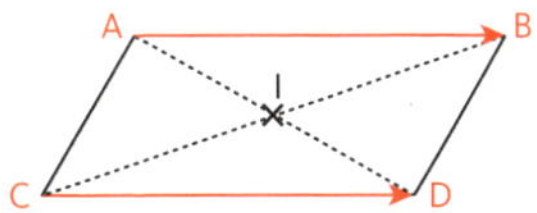

B Caractérisation d'un vecteur

Un vecteur (ici le vecteur $\overrightarrow{AB}$) est caractérisé par :

Piège à éviter
Ne pas confondre direction (une droite) et sens (le sens de parcours sur cette droite).

1. son point d'application : le point A ;
2. sa direction : la droite (AB) ;
3. son sens : de A vers B ;
4. sa longueur, appelée norme : ici AB.

Propriété : $\overrightarrow{AB} = \overrightarrow{CD}$ si, et seulement si, ABDC est un parallélogramme.

Remarque
Un vecteur $\overrightarrow{AB}$ étant donné, il existe une infinité de vecteurs égaux à $\overrightarrow{AB}$.

Cas particuliers :

- Le **vecteur nul**, noté $\vec{0}$, est le vecteur associé à la translation qui transforme A en A, B en B... donc $\vec{0} = \overrightarrow{AA} = \overrightarrow{BB} = ...$
- Le **vecteur opposé** à $\overrightarrow{AB}$ est noté $\overrightarrow{BA}$ ou $-\overrightarrow{AB}$.

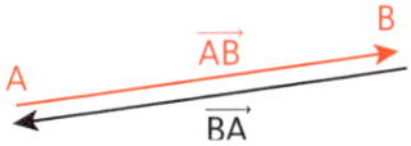

C Représentant d'un vecteur

Les vecteurs $\overrightarrow{AB}$, $\overrightarrow{CD}$, $\overrightarrow{EF}$... représentés ci-contre sont tous égaux à un vecteur (sans point d'application) que l'on note $\vec{u}$.

$\overrightarrow{AB} = \overrightarrow{CD} = \overrightarrow{EF} = ... = \vec{u}$.

Tous ces vecteurs ont même direction, même sens et même longueur.

On dit que $\overrightarrow{AB}$ est un représentant de $\vec{u}$.

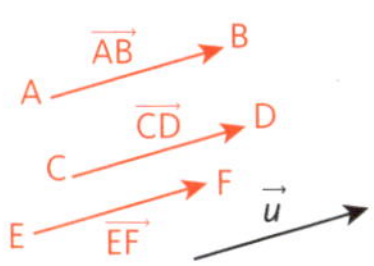

2 Applications

EXO 1 **Caractériser les vecteurs dessinés ci-contre (point d'application, direction, sens, longueur).**

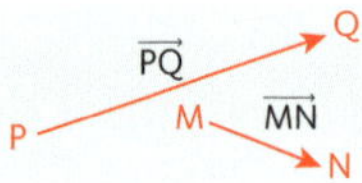

Solution

Vecteur $\overrightarrow{MN}$:
- point d'application : M ;
- direction : (MN) ;
- sens : de M vers N ;
- longueur : MN.

Vecteur $\overrightarrow{PQ}$:
- point d'application : P ;
- direction : (PQ) :
- sens : de P vers Q ;
- longueur : PQ.

EXO 2 **Sur la figure ci-contre, construire :**
- **le représentant d'origine A du vecteur $\vec{u}$;**
- **le représentant d'extrémité B du vecteur $\vec{u}$;**
- **le représentant d'origine C de l'opposé du vecteur $\vec{u}$.**

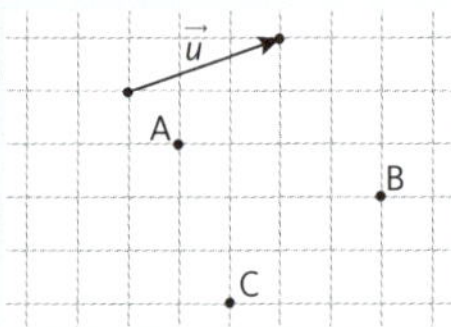

Solution

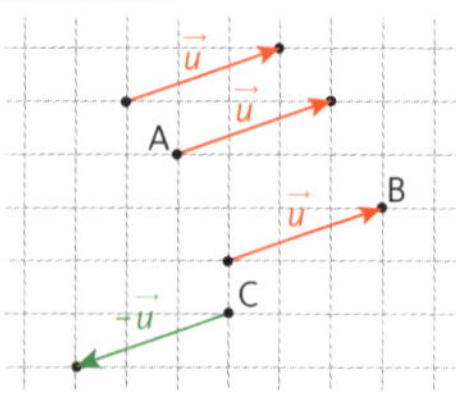

On cherche, à partir du vecteur $\vec{u}$ et du point indiqué, à tracer des parallélogrammes (on peut, par exemple, utiliser le milieu des diagonales).

L'opposé de $\vec{u}$ est un vecteur de même direction et de même longueur que $\vec{u}$, mais de sens opposé.

Mémo'Quiz

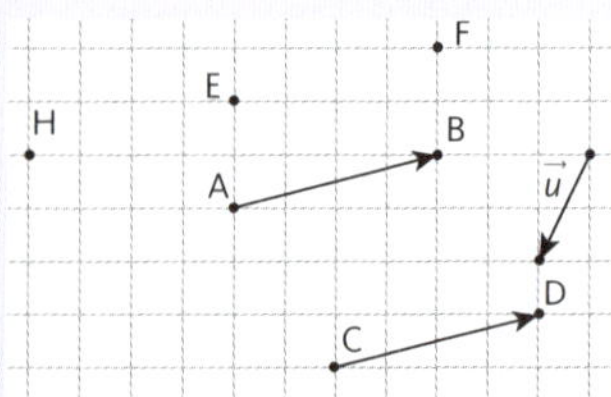

1. $\overrightarrow{AB} = \overrightarrow{CD}$.
   ❑ Vrai ❑ Faux
2. $\overrightarrow{AB}$ et l'opposé de $\overrightarrow{FH}$ ont même sens.
   ❑ Vrai ❑ Faux
3. $\overrightarrow{EA}$ est le représentant d'origine E du vecteur $\vec{u}$.
   ❑ Vrai ❑ Faux
4. $\overrightarrow{HE}$ et $\overrightarrow{EF}$ sont des vecteurs opposés. ❑ Vrai ❑ Faux

→ corrigés p. 79

Calculer et lire les coordonnées d'un vecteur

11

☐ Lue ☐ Relue ☐ Acquise

1 L'essentiel du cours

A Coordonnées d'un vecteur

Définition : Dans un repère (O ; I, J), les coordonnées de $\vec{u}$ sont les coordonnées du point M tel que $\overrightarrow{OM} = \vec{u}$.

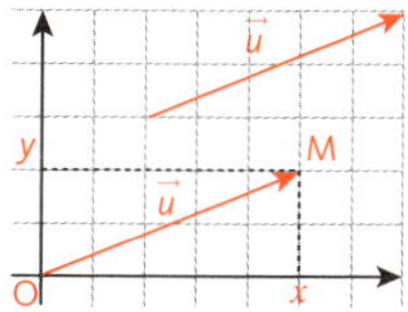

Notations :

- On note $M(x\,;y)$ mais également $\vec{u}(x\,;y)$ ou $\overrightarrow{OM}(x\,;y)$.
- Plutôt que de parler de repère (O ; I, J), on peut désormais parler de repère $(O\,;\vec{i},\vec{j})$ avec $\vec{i} = \overrightarrow{OI}$ et $\vec{j} = \overrightarrow{OJ}$.

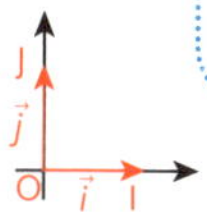

Vocabulaire

x est l'**abscisse** de $\vec{u}$ et y l'**ordonnée** de $\vec{u}$.

B Propriétés

Propriété 1 : $\vec{u}(x\,;y) = \vec{v}(x'\,;y')$ si, et seulement si, $x = x'$ **et** $y = y'$.

Propriété 2 : On donne $A(x_A\,;y_A)$ et $B(x_B\,;y_B)$. $\overrightarrow{AB}\,(x_B - x_A\,;y_B - y_A)$.

Interprétation :

- $x_B - x_A$ est l'abscisse de $\overrightarrow{AB}$: elle correspond au déplacement (qui peut être dans le sens négatif) de A vers B parallèlement à l'axe des abscisses.
- $y_B - y_A$ est l'ordonnée de $\overrightarrow{AB}$: elle correspond au déplacement (qui peut être dans le sens négatif) de A vers B parallèlement à l'axe des ordonnées.

2 Applications

EXO 1 **Dans un repère $(O\,;\vec{i},\vec{j})$, on donne $A(3;4)$, $B(-1;5)$, $C(\sqrt{2}\,;\sqrt{3})$ et $D(3\sqrt{2}\,;1-\sqrt{3})$.
Calculer les coordonnées des vecteurs $\overrightarrow{AB}$ et $\overrightarrow{CD}$.**

Solution

- $\overrightarrow{AB}(-1-3\,;5-4)$
  $\overrightarrow{AB}\,(-4\,;1)$.
- $\overrightarrow{CD}\,(3\sqrt{2}-\sqrt{2}\,;1-\sqrt{3}-\sqrt{3})$
  $\overrightarrow{CD}(2\sqrt{2}\,;1-2\sqrt{3})$.

On utilise la formule indiquée dans la propriété 2 pour poser, pas à pas, les calculs.
Attention à l'ordre des points dans cette formule : $\overrightarrow{AB}$, c'est $x_B - x_A$ et $y_B - y_A$.

EXO 2 Lire les coordonnées des vecteurs $\vec{u}$ et $\vec{v}$ tracés dans le repère ci-contre.

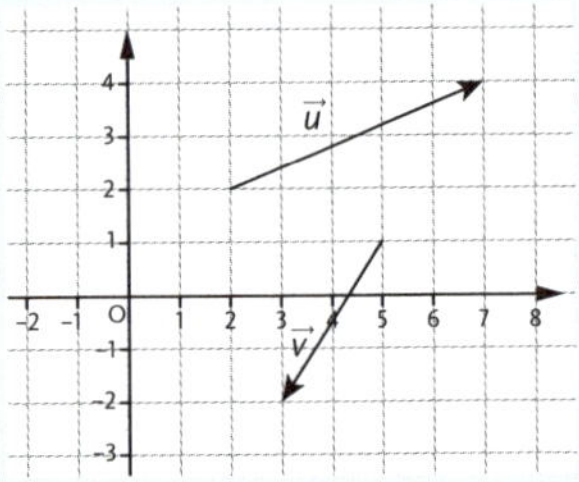

Solution

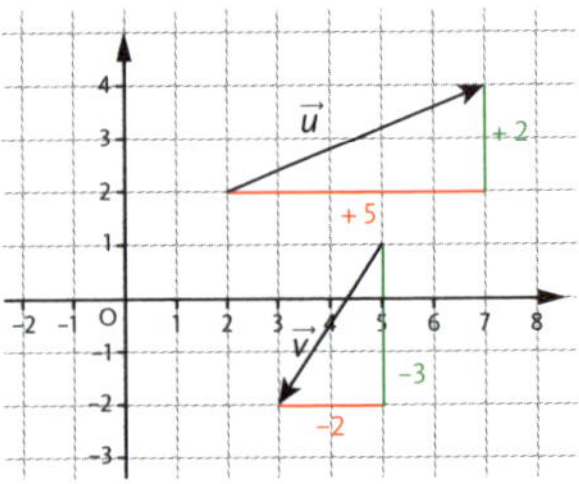

On utilise l'interprétation fournie sous la propriété 2 afin d'effectuer, à partir du point de départ du vecteur :
- un déplacement horizontal pour déterminer son abscisse ;
- un déplacement vertical pour déterminer son ordonnée.

Ainsi, $\vec{u}(5\,;2)$ et $\vec{v}(-2\,;-3)$.

Mémo'Quiz

Dans le repère ci-contre :

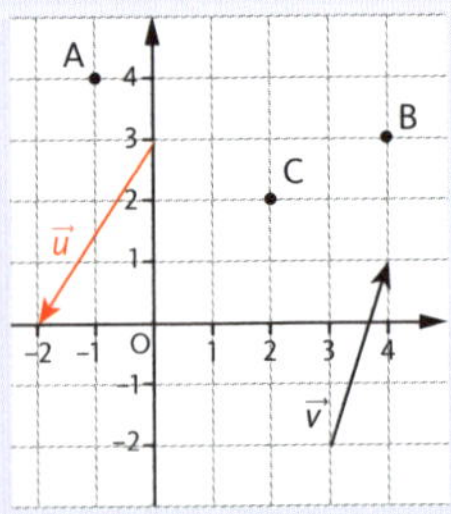

1. les coordonnées du vecteur $\vec{u}$ sont :
❑ (2 ; 3) ❑ (– 2 ; – 3) ❑ (2 ; – 3)

2. les coordonnées du vecteur $\vec{v}$ sont :
❑ (1 ; 3) ❑ (3 ; 1) ❑ (– 1 ; 3)

3. les coordonnées du vecteur $\overrightarrow{AB}$ sont :
❑ (1 ; – 5) ❑ (5 ; – 1) ❑ (– 5 ; 1)

4. le point D tel que $\overrightarrow{AB} = \overrightarrow{CD}$ a pour coordonnées :
❑ (5 ; – 1) ❑ (7 ; 1) ❑ (1 ; 7)

5. le quadrilatère ABDC est un parallélogramme, car :
❑ $\overrightarrow{AB} = \overrightarrow{CD}$ ❑ $\overrightarrow{AB} = \overrightarrow{DC}$ ❑ AB = CD

→ corrigés p. 79

Effectuer la somme de deux vecteurs

12

☐ Lue ☐ Relue ☐ Acquise

1 L'essentiel du cours

A Construction

Relation de Chasles

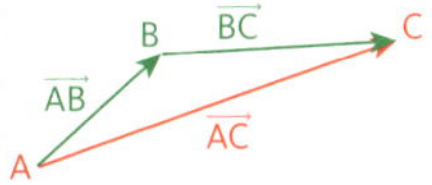

$\overrightarrow{AB} + \overrightarrow{BC} = \overrightarrow{AC}$

Règle du parallélogramme

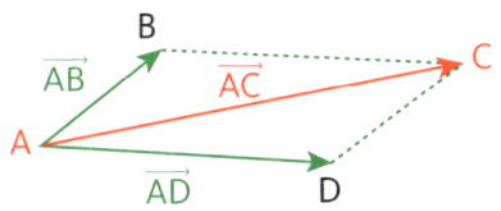

$\overrightarrow{AB} + \overrightarrow{AD} = \overrightarrow{AC}$
avec ABCD parallélogramme.

B Propriétés de calcul

Propriétés :

- $\vec{u} + \vec{v} = \vec{v} + \vec{u}$
- $\vec{u} + \vec{0} = \vec{0} + \vec{u} = \vec{u}$
- $(\vec{u} + \vec{v}) + \vec{w} = \vec{u} + (\vec{v} + \vec{w})$

C Coordonnées

Propriété : Dans un repère, on donne les vecteurs $\vec{u}(x\,;y)$ et $\vec{v}(x'\,;y')$. On a alors : $\vec{u} + \vec{v}\,(x + x'\,;y + y')$.

Réflexe à avoir

- Si, dans la somme des deux vecteurs, l'extrémité d'un vecteur est l'origine de l'autre : relation de Chasles.
- Si les vecteurs ont même origine : règle du parallélogramme.

2 Applications

EXO 1 **ABCD est le parallélogramme de centre O ci-dessous.**

1. **Construire le représentant d'origine E du vecteur $\overrightarrow{AB} + \overrightarrow{BO}$.**

2. **Construire le représentant d'extrémité E du vecteur $\overrightarrow{OD} + \overrightarrow{OC}$.**

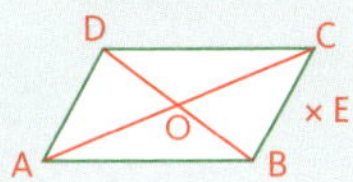

Solution

1. $\overrightarrow{AB} + \overrightarrow{BO} = \overrightarrow{AO}$.

2. $\overrightarrow{OD} + \overrightarrow{OC} = \overrightarrow{OF}$

avec OCFD parallélogramme.

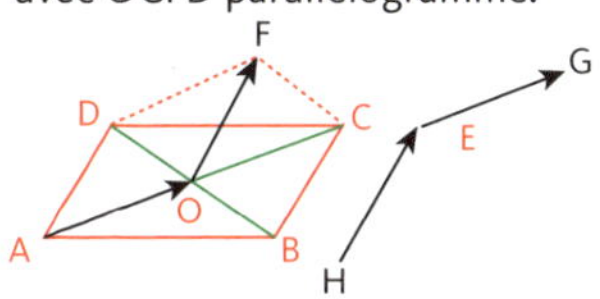

On utilise la règle du parallélogramme pour construire le vecteur demandé, puis on trace son représentant d'extrémité E.

$\overrightarrow{EG} = \overrightarrow{AO}$ et $\overrightarrow{HE} = \overrightarrow{OF}$.

Effectuer la somme de deux vecteurs

EXO 2 **Démontrer que, quels que soient les points M, N, P, Q et R, on a toujours :**

$$\overrightarrow{MP} + \overrightarrow{NQ} + \overrightarrow{PR} + \overrightarrow{QM} = \overrightarrow{NR}$$

Solution

$$\begin{aligned}\overrightarrow{MP} + \overrightarrow{NQ} + \overrightarrow{PR} + \overrightarrow{QM} &= \underbrace{\overrightarrow{MP} + \overrightarrow{PR}} + \underbrace{\overrightarrow{NQ} + \overrightarrow{QM}} \\ &= \quad \overrightarrow{MR} \quad + \quad \overrightarrow{NM} \\ &= \overrightarrow{NM} + \overrightarrow{MR} \\ &= \overrightarrow{NR}\end{aligned}$$

> On utilise la relation de Chasles pour simplifier au maximum les sommes.

EXO 3 **Dans un repère, on donne A(1 ; 2), B(– 3 ; 4), C(4 ; 5) et D(6 ; 7).**

1. Déterminer les coordonnées du vecteur $\overrightarrow{AB} + \overrightarrow{CD}$.

2. Déterminer les coordonnées du point E tel que ABEC est un parallélogramme.

Solution

1. $\overrightarrow{AB}(x_B - x_A\,;\,y_B - y_A)$ donc $\overrightarrow{AB}(-4\,;\,2)$ et $\overrightarrow{CD}\,(2\,;\,2)$. Ainsi, $\overrightarrow{AB} + \overrightarrow{CD}(-4 + 2\,;\,2 + 2)$. Finalement, $\overrightarrow{AB} + \overrightarrow{CD}(-2\,;\,4)$.

> On utilise la propriété du cours sur les coordonnées. On peut penser à vérifier graphiquement.

2. ABEC est un parallélogramme donc $\overrightarrow{AB} = \overrightarrow{CE}$.
Or $\overrightarrow{AB}(-4\,;\,2)$ donc $\overrightarrow{CE}(-4\,;\,2)$.
Dès lors, $x_{\overrightarrow{CE}} = x_E - x_C = x_E - 4 = -4$ d'où $x_E = 0$,
et $y_{\overrightarrow{CE}} = y_E - y_C = y_E - 5 = 2$ d'où $y_E = 7$.
Ainsi, E(0 ; 7).

Mémo'Quiz

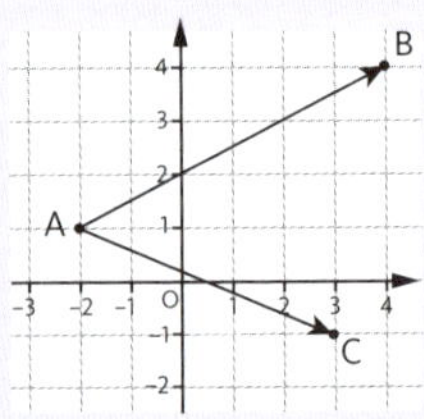

1. Les coordonnées du vecteur $\overrightarrow{AB}$ sont :
❑ (6 ; 3) ❑ (3 ; 6) ❑ (5 ; – 2)

2. Les coordonnées du vecteur $\overrightarrow{AB} + \overrightarrow{AC}$ sont :
❑ (11 ; 1) ❑ (11 ; 2) ❑ (6 ; 3)

3. Le quadrilatère ABDC est un parallélogramme si :
❑ D(9 ; 1) ❑ D(9 ; 2) ❑ D(– 5 ; – 1)

4. Le vecteur $\overrightarrow{OA} + \overrightarrow{BC} + \overrightarrow{DO} + \overrightarrow{AC}$ a pour coordonnées :
❑ (– 8 ; 3) ❑ (5 ; – 2) ❑ (– 7 ; – 8)

→ corrigés p. 79

Comprendre la colinéarité de deux vecteurs

13

☐ Lue ☐ Relue ☐ Acquise

1 L'essentiel du cours

A Multiplication d'un vecteur par un réel

Définition : k désigne un réel non nul et $\overrightarrow{AB}$ un vecteur non nul.
Le vecteur $k\overrightarrow{AB}$ est le vecteur $\overrightarrow{AC}$ tel que :

- si $k > 0$ alors $C \in [AB]$ et $AC = k \times AB$;
- si $k < 0$ alors $C \in (AB)$, mais $C \notin [AB]$ et $AC = k \times AB$.

Exemples :

Avec $k = 2$ et $k' = 0{,}5$

$\overrightarrow{AC} = 2\overrightarrow{AB}$ et $\overrightarrow{AC'} = 0{,}5\overrightarrow{AB}$

Avec $k = -2$ et $k' = -0{,}5$

$\overrightarrow{AC} = -2\overrightarrow{AB}$ et $\overrightarrow{AC'} = -0{,}5\overrightarrow{AB}$

Propriété : k désigne un réel non nul et dans un repère, on donne $\vec{u}(x\,;y)$.
On a alors $k\vec{u}(k \times x\,; k \times y)$.

Remarques

- $k\vec{u} = \vec{0}$ si, et seulement si, $k = 0$ ou $\vec{u} = \vec{0}$.
- $-\vec{u} = (-1)\,\vec{u}$.

B Vecteurs colinéaires

Définition : Deux **vecteurs** $\vec{u}$ et $\vec{v}$ sont dits **colinéaires** lorsqu'il existe un réel k tel que $\vec{v} = k\vec{u}$.

Remarque

Le vecteur nul $\vec{0}$ est colinéaire à tout vecteur. En effet, $\vec{0} = 0\vec{u}$ pour n'importe quel $\vec{u}$.

2 Applications

EXO 1 $\vec{u}$ **est le vecteur ci-contre.**
Construire les vecteurs
$1{,}4\,\vec{u}$ et $-0{,}8\,\vec{u}$.

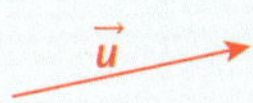

Solution

On sait d'après la définition que :
- si $k < 0$, alors $\vec{u}$ et $k\vec{u}$ sont de sens contraire ;
- si $k > 0$, alors $\vec{u}$ et $k\vec{u}$ sont de même sens.

Comprendre la colinéarité de deux vecteurs

EXO 2 A, B, C, D sont quatre points situés sur l'axe gradué ci-dessous.

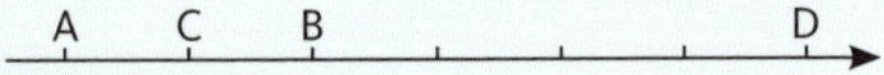

Déterminer le réel k dans chacun des cas suivants :

1. $\overrightarrow{AC} = k\overrightarrow{AB}$

2. $\overrightarrow{AD} = k\overrightarrow{AC}$

3. $\overrightarrow{DB} = k\overrightarrow{AB}$

Solution

1. $\overrightarrow{AB}$ et $\overrightarrow{AC}$ sont de même sens.
AB = 2 et AC = 1.
Donc $\overrightarrow{AC} = \frac{1}{2}\overrightarrow{AB}$ et $k = \frac{1}{2}$.

2. $\overrightarrow{AC}$ et $\overrightarrow{AD}$ sont de même sens.
AC = 1 et AD = 6.
Donc $\overrightarrow{AD} = 6\overrightarrow{AC}$ et $k = 6$.

3. $\overrightarrow{AB}$ et $\overrightarrow{DB}$ sont de sens contraire.
AB = 2 et DB = 4. Donc $\overrightarrow{DB} = -2\overrightarrow{AB}$ et $k = -2$.

> On doit s'intéresser ici à deux indications :
> - le sens des vecteurs : est-ce ou non le même ? ;
> - la longueur de chacun des vecteurs.

Mémo'Quiz

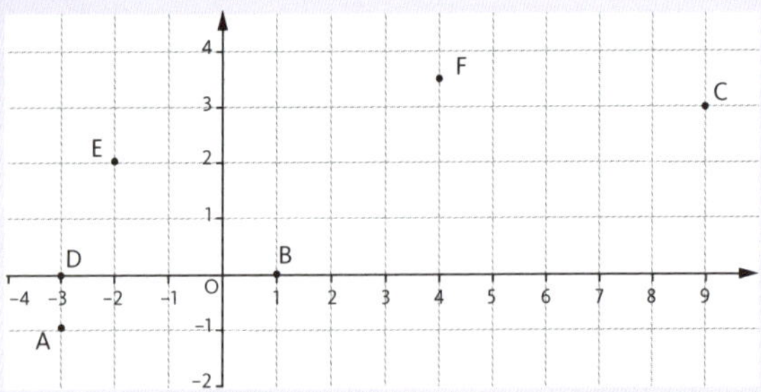

1. Les vecteurs $\overrightarrow{AB}$ et $\overrightarrow{CD}$ sont colinéaires.	❑ Vrai	❑ Faux
2. Les vecteurs $\overrightarrow{AB}$ et $\overrightarrow{AC}$ sont colinéaires.	❑ Vrai	❑ Faux
3. Il existe un réel k tel que $\overrightarrow{AC} = k\overrightarrow{BC}$.	❑ Vrai	❑ Faux
4. $\overrightarrow{EF} = 2\overrightarrow{CD}$.	❑ Vrai	❑ Faux
5. Le vecteur $-1{,}5\overrightarrow{CD}$ a pour coordonnées (18 ; 4,5).	❑ Vrai	❑ Faux

→ corrigés p. 79

Étudier la colinéarité de deux vecteurs

14

☐ Lue ☐ Relue ☐ Acquise

1 L'essentiel du cours

A Conditions de colinéarité

Propriété 1 : Deux vecteurs $\vec{u}$ et $\vec{v}$ non nuls sont colinéaires si, et seulement si, ils sont portés par des droites parallèles.

Propriété 2 : Dans un repère, on donne $\vec{u}(x\,;y)$ et $\vec{v}(x'\,;y')$. $\vec{u}$ et $\vec{v}$ sont colinéaires si, et seulement si, $xy' - x'y = 0$.

Exemple : Dans un repère, on donne $\vec{u}(2\,;3)$ et $\vec{v}(-5\,;-7)$.

On effectue le calcul $xy' - x'y = 2 \times (-7) - (-5) \times 3$
$= -14 + 15 = 1$

Donc $xy' - x'y \neq 0$. Les vecteurs $\vec{u}$ et $\vec{v}$ ne sont pas colinéaires.

Remarque

La définition de deux vecteurs colinéaires est indiquée en fiche 13.

Astuce du prof

On peut remplacer la condition $xy' - x'y = 0$ par : il existe un réel k tel que $\begin{cases} x' = k \times x \\ y' = k \times y \end{cases}$.

B Lien avec le parallélisme, l'alignement

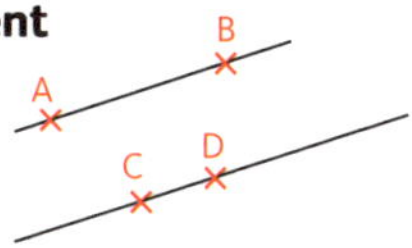

Propriété 3 : Deux droites (AB) et (CD) sont parallèles si, et seulement si, les vecteurs $\overrightarrow{AB}$ et $\overrightarrow{CD}$ sont colinéaires.

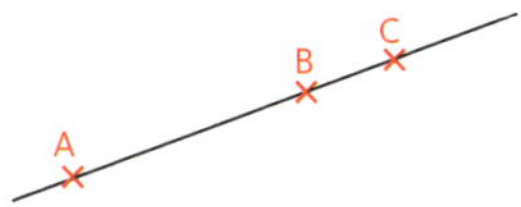

Propriété 4 : Trois points A, B et C sont alignés si, et seulement si, les vecteurs $\overrightarrow{AB}$ et $\overrightarrow{AC}$ sont colinéaires.

2 Applications

EXO 1 **Dans un repère, on donne $\vec{u}(-4\,;-m)$ et $\vec{v}(3m\,;6)$. Existe-t-il des réels m pour lesquels les vecteurs $\vec{u}$ et $\vec{v}$ sont colinéaires ?**

Solution

$\vec{u}$ et $\vec{v}$ sont colinéaires à condition que $-4 \times 6 - 3m \times (-m) = 0$, c'est-à-dire $-24 + 3m^2 = 0$ d'où $3m^2 = 24$, donc $m^2 = 8$.

Ainsi, $m = -\sqrt{8}$ ou $m = \sqrt{8}$.

Lorsque $m = -\sqrt{8}$ ou $m = \sqrt{8}$, les vecteurs $\vec{u}$ et $\vec{v}$ sont colinéaires.

- On utilise la propriété 2 du cours afin d'obtenir une équation en m que l'on résout.
- Attention, si $k > 0$, alors l'équation $x^2 = k$ a pour solutions $x = -\sqrt{k}$ et $x = \sqrt{k}$.

Étudier la colinéarité de deux vecteurs

EXO 2 **Dans un repère, on donne A (– 3 ; 4), B (2 ; 5) et C (7 ; 6).**
Les points A, B et C sont-ils alignés ?

Solution

- Les points A, B et C sont alignés si, et seulement si, les vecteurs $\overrightarrow{AB}$ et $\overrightarrow{AC}$ sont colinéaires.
- $\overrightarrow{AB}$ (5 ; 1) et $\overrightarrow{AC}$ (10 ; 2).
- $xy' - x'y = 5 \times 2 - 10 \times 1$
  $= 10 - 10$
  $= 0.$

Donc $\overrightarrow{AB}$ et $\overrightarrow{AC}$ sont colinéaires.
On en déduit que les points A, B et C sont alignés.

> • On utilise la propriété 4 du cours afin de relier la question à la colinéarité.
> • Puis on détermine les coordonnées des vecteurs utilisés.
> • Enfin, on vérifie s'ils sont colinéaires à l'aide de la propriété 2 du cours.

Mémo'Quiz

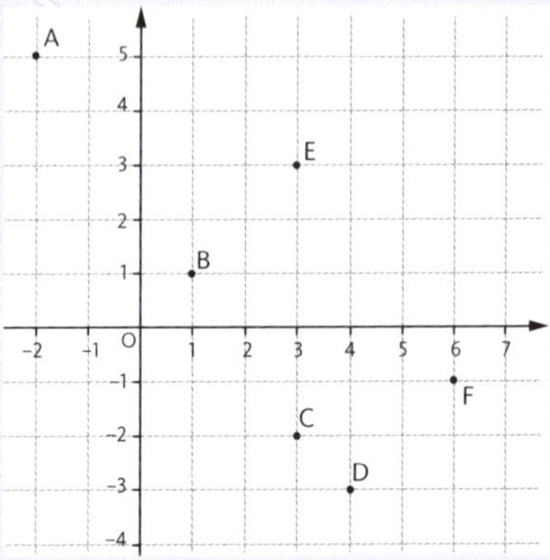

1. Les points A, B et C sont alignés.	❑ Vrai	❑ Faux
2. Les points A, B et D sont alignés.	❑ Vrai	❑ Faux
3. Les droites (AB) et (EF) sont parallèles.	❑ Vrai	❑ Faux
4. Le quadrilatère ABFE est un parallélogramme.	❑ Vrai	❑ Faux

→ corrigés p. 79

Connaître les figures usuelles 15

☐ Lue ☐ Relue ☐ Acquise

1 L'essentiel du cours

A Les triangles

Propriété (Pythagore) : Si ABC est un triangle rectangle en B, alors $AC^2 = AB^2 + BC^2$.

Propriété (réciproque) : Si $AC^2 = AB^2 + BC^2$, alors ABC est un triangle rectangle en B.

Propriété : Un triangle ABC rectangle en B est inscriptible dans un cercle de diamètre [AC].

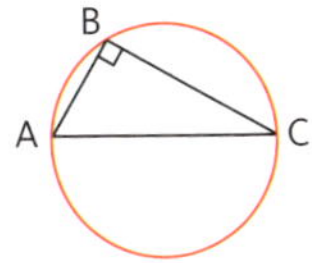

Propriété (Thalès) : Si A, M et B sont alignés, si A, N et C sont alignés et si (MN) // (BC), alors $\frac{AM}{AB} = \frac{AN}{AC} = \frac{MN}{BC}$.

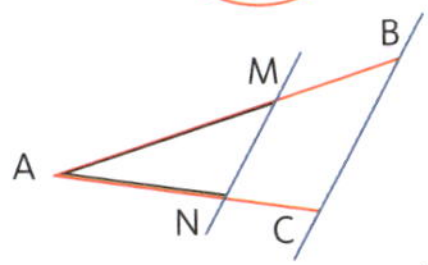

Propriété (réciproque) : Si A, M et B sont alignés, si A, N et C sont alignés dans le même ordre et si $\frac{AM}{AB} = \frac{AN}{AC}$, alors (MN) // (CB).

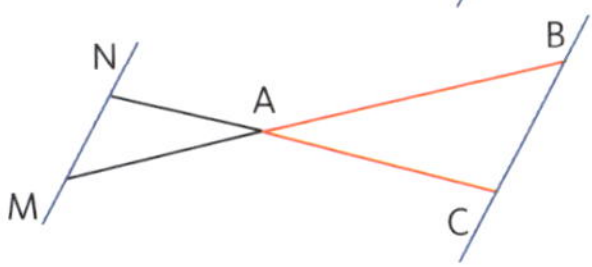

Aire d'un triangle :
$\mathcal{A} = \frac{\text{base} \times \text{hauteur}}{2}$

B Les quadrilatères

- **Parallélogramme :**
  - côtés opposés parallèles ;
  - côtés opposés de même longueur ;
  - diagonales se coupant en leur milieu.

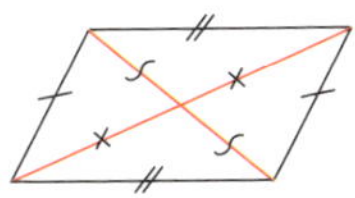

- **Rectangle :**
  - parallélogramme à angles droits ;
  - diagonales se coupant en leur milieu et de même longueur.

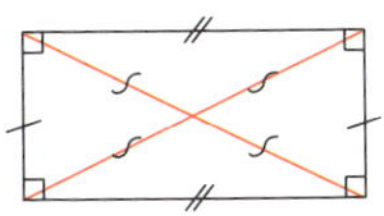

- **Losange :**
  - quatre côtés de même longueur ;
  - diagonales se coupant en leur milieu et perpendiculaires.

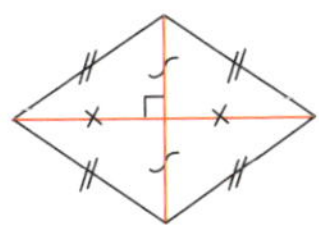

● **Carré :**
– rectangle à quatre côtés de même longueur ;
– losange à angles droits ;
– diagonales se coupant en leur milieu, de même longueur et perpendiculaires.

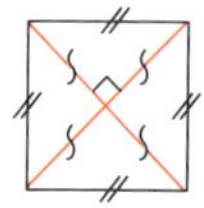

2 Application

EXO **ABCD est le parallélogramme de centre O ci-contre. I, J, K, L sont les milieux respectifs des côtés [AB], [BC], [CD] et [DA].**

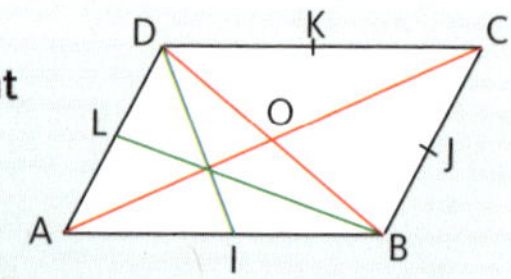

1. a. Que représentent les droites (AO) et (BL) pour le triangle ABD ?
b. On note G le point d'intersection des droites (AO) et (BL). Comment se nomme le point G ?
2. Montrer que les points I, G et D sont alignés.

Solution

1. a. ABCD est un parallélogramme, donc ses diagonales se coupent en leur milieu O. Ainsi, dans le triangle ABD, la droite (AO) est la médiane issue de A. De même, L est le milieu de [AD], donc dans le triangle ABD, la droite (BL) est la médiane issue de B.

b. G est l'intersection de deux médianes, donc G est le centre de gravité du triangle ABD.

> Dans un triangle, médianes (au centre de gravité), hauteurs (en l'orthocentre), médiatrices (au centre du cercle circonscrit) sont concourantes.

2. On sait que les trois médianes d'un triangle sont concourantes en le centre de gravité, or (ID) est la médiane issue de D dans le triangle ABD, donc I, G et D sont alignés.

Mémo'Quiz

ABC est le triangle ci-dessous. M ∈ [AB] et AM = 2,4 ; N ∈ [AC] et AN = 3. I est le point d'intersection de (MN) et (AH).

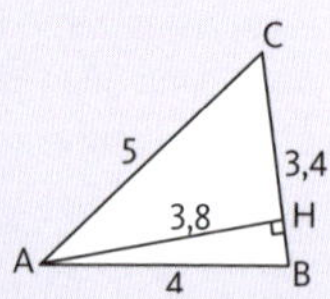

1. L'aire du triangle ABC est égale à 5. ❑ Vrai ❑ Faux
2. Les droites (BC) et (MN) sont parallèles. ❑ Vrai ❑ Faux
3. La longueur AI est égale à 2,28. ❑ Vrai ❑ Faux
4. L'aire du triangle AMN est égale à 2,3256. ❑ Vrai ❑ Faux

→ corrigés p. 79

Utiliser le projeté orthogonal

16

☐ Lue ☐ Relue ☐ Acquise

1 L'essentiel du cours

A Projeté orthogonal

Définitions :

- Le **projeté orthogonal** d'un point A sur une droite $\mathscr{D}$ est le point H de $\mathscr{D}$ tel que (AH) et $\mathscr{D}$ sont perpendiculaires.
- La longueur AH est appelée **distance du point A à la droite** $\mathscr{D}$.

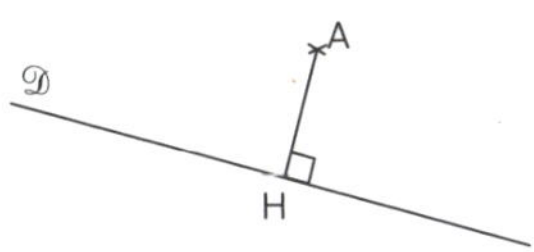

Remarque

Pour tout point M de $\mathscr{D}$, on a : $AH \leqslant AM$.
AH est la plus petite longueur entre A et un point M de $\mathscr{D}$.

B Distance entre deux droites parallèles

Définition : La **distance entre les droites $\mathscr{D}$ et $\mathscr{D}'$ parallèles** est la longueur HH′ où H est un point de $\mathscr{D}$ et H′ est le point de $\mathscr{D}$ tel que (HH′) et $\mathscr{D}$ sont perpendiculaires.

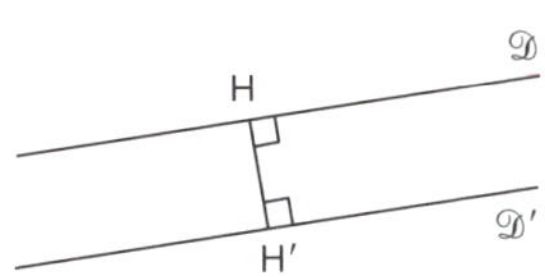

C Distance et cercle

Remarque : Le cercle $\mathscr{C}$ de centre A et de rayon R est l'ensemble des points M situés à une distance égale à R du point A, c'est-à-dire tels que $AM = R$.

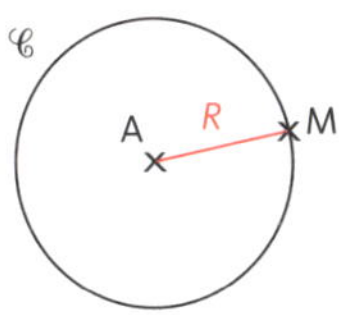

2 Application

EXO

1. **Tracer une droite 𝒟 et construire :**
– un point A situé à 2 cm de 𝒟 ;
– deux droites *d* et *d′* situées à 3 cm de 𝒟.

2. **Placer les points situés à 4 cm de A et à 3 cm de 𝒟.**

Solution

1.

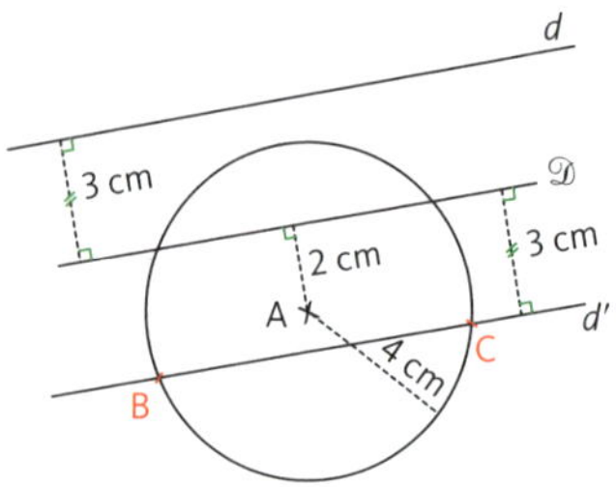

Il faut penser :
- au projeté orthogonal lorsqu'on parle de la distance d'un point à une droite ;
- aux droites parallèles lorsqu'on parle de la distance entre deux droites ;
- au cercle lorsqu'on parle de la distance entre deux points.

2. Les points B et C sont situés à 4 cm de A et à 3 cm de 𝒟.

Mémo'Quiz

Sur la figure ci-dessous, les trois droites sont parallèles.

1. La distance de O à d_3 est égale à 4 cm.
❑ Vrai ❑ Faux

2. La distance entre d_1 et d_3 est égale à 4 cm.
❑ Vrai ❑ Faux

3. La distance de P à O est égale à 5 cm.
❑ Vrai ❑ Faux

4. P est sur le cercle de centre M et de rayon 8 cm.
❑ Vrai ❑ Faux

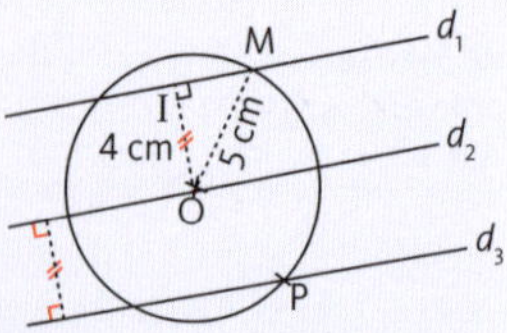

➜ corrigés p. 79

Appliquer la trigonométrie dans le triangle rectangle

17

Lue Relue Acquise

1 L'essentiel du cours

Définition : ABC est un triangle rectangle en A.

$\cos(\widehat{ABC}) = \dfrac{AB}{BC}$ $\sin(\widehat{ABC}) = \dfrac{AC}{BC}$

$\tan(\widehat{ABC}) = \dfrac{AC}{AB}$

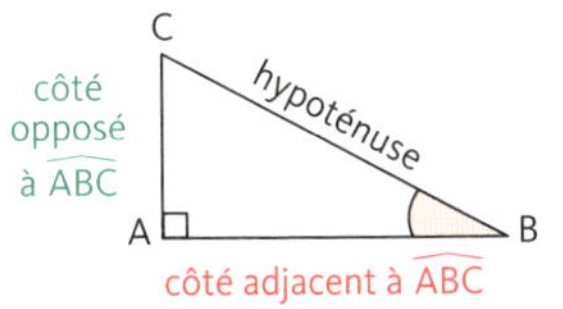

Remarques :
On a toujours :

$$0 \leqslant \cos(\widehat{ABC}) \leqslant 1$$
$$0 \leqslant \sin(\widehat{ABC}) \leqslant 1$$
$$0 \leqslant \tan(\widehat{ABC})$$

2 Applications

EXO 1 **MNP et MNQ sont les deux triangles rectangles en N et Q ci-contre.**
1. Calculer PN.
Arrondir au dixième.
2. Calculer QN.
Arrondir au dixième.

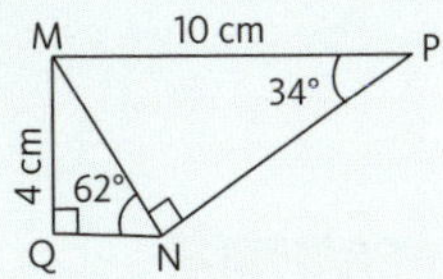

Solution

1. Dans le triangle MNP rectangle en N, $\cos(\widehat{MPN}) = \dfrac{PN}{10}$ donc $PN = 10\cos 34°$.
Ainsi, $PN \approx 8{,}3$ cm.

Il suffit de choisir la définition la mieux adaptée parmi le cosinus, le sinus ou la tangente.

2. Dans le triangle MNQ rectangle en Q :

$\tan(\widehat{MNQ}) = \dfrac{MQ}{QN}$

donc $QN = \dfrac{MQ}{\tan(\widehat{MNQ})} = \dfrac{4}{\tan 62°}$.

Ainsi, $QN \approx 2{,}1$ cm.

Penser à mettre la calculatrice en mode DEGRÉS.

EXO 2 **ABC et ABD sont les deux triangles rectangles en A ci-contre. Calculer une mesure arrondie au degré près :**

1. de $\widehat{ACB}$ **2. de $\widehat{ADB}$**

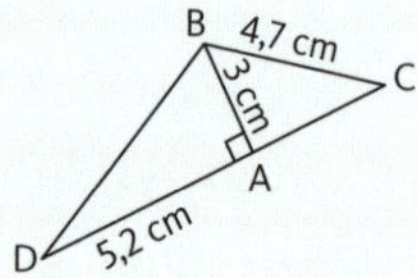

Solution

1. Dans le triangle ABC rectangle en A :

$\sin(\widehat{ACB}) = \frac{AB}{BC} = \frac{3}{4,7}$.

À la calculatrice, on obtient $\widehat{ACB} \approx 39,7°$.

> Là encore, il faut choisir la formule la plus adaptée entre le cosinus, le sinus et la tangente.

2. Dans le triangle ABD rectangle en A :

$\tan(\widehat{ADB}) = \frac{AB}{AD} = \frac{3}{5,2}$.

À la calculatrice, on obtient $\widehat{ADB} \approx 30°$.

> Avec la calculatrice, il faut taper :
> **Casio** Asn ; Acs ou Atn
> **TI** $\cos^{-1}$; $\sin^{-1}$ ou $\tan^{-1}$ dans trigo

Mémo'Quiz

IJK et IKL sont les triangles rectangles ci-contre.

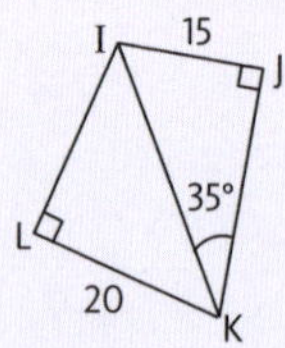

1. JK est environ égale à :

❑ 20,8 ❑ 21,4 ❑ 22

2. KI est environ égale à :

❑ 24,2 ❑ 25,2 ❑ 26,2

3. $\widehat{LKI}$ est environ égal à :

❑ 40° ❑ 41° ❑ 42°

4. $\widehat{KIL}$ est environ égal à :

❑ 48° ❑ 49° ❑ 50°

→ corrigés p. 79

Déduire un cosinus d'un sinus, et inversement

18

Lue Relue Acquise

1 L'essentiel du cours

A Formule reliant le cosinus et le sinus

Définition : On note x la mesure, en degrés, d'un angle aigu dans un triangle rectangle. On a :

$$\cos^2 x + \sin^2 x = 1$$

Notation

- $\cos^2 x = (\cos x)^2$;
- $\sin^2 x = (\sin x)^2$.

B Formule reliant le cosinus, le sinus et la tangente

Définition : On note x la mesure, en degrés, d'un angle aigu dans un triangle rectangle. On a :

$$\tan x = \frac{\sin x}{\cos x}$$

2 Applications

EXO 1 **x est la mesure, en degrés, d'un angle aigu tel que $\cos x = 0{,}3$. Calculer la valeur exacte, puis une valeur arrondie au centième :**

1. de $\sin x$

2. de $\tan x$

Solution

1. $\cos^2 x + \sin^2 x = 1$

équivaut à $0{,}3^2 + \sin^2 x = 1$

c'est-à-dire $\sin^2 x = 1 - 0{,}3^2$

$= 1 - 0{,}09 = 0{,}91.$

Ainsi, $\sin x = \sqrt{0{,}91} \approx 0{,}95.$

- Utiliser la propriété du paragraphe A.
- L'équation $X^2 = a$ a pour solutions $X = -\sqrt{a}$ ou $X = \sqrt{a}$ mais on sait que $\sin x \geqslant 0$.

2. $\tan x = \dfrac{\sin x}{\cos x}$

$= \dfrac{\sqrt{0{,}91}}{0{,}3} \approx 3{,}18.$

Utiliser la propriété du paragraphe B.

EXO 2 On donne $\cos 36° = \dfrac{1+\sqrt{5}}{4}$.

1. Calculer la valeur exacte de $\sin 36°$.

2. Vérifier le résultat à la calculatrice.

Solution

1. $\cos^2 36° + \sin^2 36° = 1$

donc $\sin^2 36° = 1 - \cos^2 36°$.

On sait que $\sin 36° > 0$,

d'où $\sin 36° = \sqrt{1-\cos^2 36°}$

$$= \sqrt{1-\left(\frac{1+\sqrt{5}}{4}\right)^2}$$

$$= \sqrt{1-\frac{1+2\sqrt{5}+5}{16}}$$

$$= \sqrt{\frac{16-1-2\sqrt{5}-5}{16}}$$

$$= \frac{\sqrt{10-2\sqrt{5}}}{4}.$$

- On utilise la formule $\cos^2 x + \sin^2 x = 1$, afin d'isoler $\sin x$.
- On sait que $\sin x > 0$.
- On complète les calculs à l'aide des identités remarquables.

2.

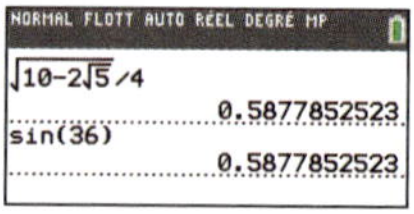

Mémo'Quiz

x est un angle aigu d'un triangle rectangle tel que $\sin x = 0{,}4$.

1. $\cos x$ est égal à : ❑ $\sqrt{0{,}84}$ ❑ $\sqrt{0{,}16}$ ❑ 0,6

2. $\tan x$ est environ égale à : ❑ 0,48 ❑ 0,67 ❑ 0,44

On sait que $\cos 60° = \frac{1}{2}$. On en déduit que :

3. $\sin 60°$ est égal à : ❑ $\frac{1}{2}$ ❑ $\frac{\sqrt{3}}{2}$ ❑ $\frac{\sqrt{2}}{2}$

4. $\tan 60°$ est égale à : ❑ $\frac{1}{\sqrt{3}}$ ❑ $\sqrt{3}$ ❑ 1

Puisque $\cos 45° = \sin 45°$, on en déduit que :

5. $\cos 45°$ est égal à : ❑ $\frac{1}{2}$ ❑ $\frac{\sqrt{3}}{2}$ ❑ $\frac{\sqrt{2}}{2}$

→ corrigés p. 79

Utiliser les vecteurs directeurs d'une droite

19

Lue Relue Acquise

1 L'essentiel du cours

A Vecteurs directeurs d'une droite

Définition : Un vecteur $\vec{u}$, non nul, est un **vecteur directeur** d'une droite $\mathscr{D}$ lorsqu'il existe deux points A et B de $\mathscr{D}$ tels que $\vec{u} = \overrightarrow{AB}$.

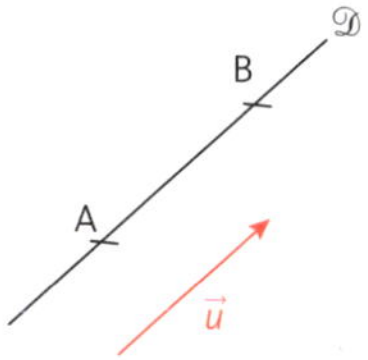

Remarque

Une droite possède une infinité de vecteurs directeurs.

Remarque : Si A et B sont deux points distincts du plan, alors les vecteurs $\overrightarrow{AB}$, $\overrightarrow{BA}$, $2\overrightarrow{BA}$, $-3\overrightarrow{AB}$... sont tous des vecteurs directeurs de la droite (AB).

Propriété : Les vecteurs directeurs d'une droite sont tous colinéaires entre eux.

B Droites parallèles, droites sécantes

$\mathscr{D}_1$ et $\mathscr{D}_2$ sont deux droites de vecteurs directeurs respectifs $\vec{u}_1$ et $\vec{u}_2$.

Propriété : $\mathscr{D}_1 // \mathscr{D}_2$ équivaut à $\vec{u}_1$ et $\vec{u}_2$ sont colinéaires.

Remarque : Lorsque deux droites ne sont pas parallèles, elles sont sécantes.

Exemple :

$\vec{u}_1(1 ; -2)$ est un vecteur directeur d'une droite $\mathscr{D}_1$.

$\vec{u}_2(4 ; -8)$ est un vecteur directeur d'une droite $\mathscr{D}_2$.

On vérifie si $\vec{u}_1$ et $\vec{u}_2$ sont colinéaires (grâce à la Fiche 14) :

$xy' - x'y = 1 \times (-8) - 4 \times (-2) = -8 + 8 = 0$

Ainsi, $\vec{u}_1$ et $\vec{u}_2$ sont colinéaires.

On en déduit que les droites $\mathscr{D}_1$ et $\mathscr{D}_2$ sont parallèles.

2 Applications

EXO 1 **Donner trois vecteurs directeurs pour chacune des droites $\mathcal{D}_1$, $\mathcal{D}_2$ et $\mathcal{D}_3$.**

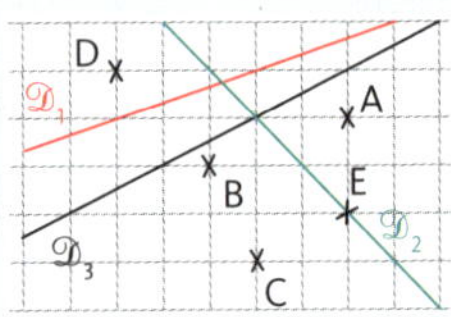

Solution

Pour $\mathcal{D}_1$: $\overrightarrow{BA}$, $\overrightarrow{AB}$, $5\overrightarrow{BA}$... Pour $\mathcal{D}_2$: $\overrightarrow{BD}$, $-2\overrightarrow{BD}$, $10\overrightarrow{DB}$...
Pour $\mathcal{D}_3$: $\overrightarrow{CE}$, $2\overrightarrow{EC}$, $-3\overrightarrow{EC}$...

EXO 2 **$\mathcal{D}$ est la droite passant par les points A(4 ; 3) et B(5 ; –1).**
1. Déterminer les coordonnées d'un vecteur directeur de $\mathcal{D}$.
2. Les vecteurs $\vec{u}\,(-2\,;8)$ et $\vec{v}\,(-3\,;5)$ sont-ils d'autres vecteurs directeurs de la droite $\mathcal{D}$?

Solution

1. $\mathcal{D}$ = (AB) donc $\overrightarrow{AB}\,(1\,;-4)$ est un vecteur directeur de la droite $\mathcal{D}$.

> Utiliser la remarque du paragraphe **A**.

2. • On vérifie si $\vec{u}$ et $\overrightarrow{AB}$ sont colinéaires : $1 \times 8 - (-4) \times (-2) = 8 - 8 = 0$, donc $\vec{u}$ et $\overrightarrow{AB}$ sont colinéaires, donc $\vec{u}$ est un autre vecteur directeur de $\mathcal{D}$.

> Vérifier si la propriété du paragraphe **A** s'applique, c'est-à-dire si $\vec{u}$ et $\overrightarrow{AB}$ sont ou non colinéaires en utilisant la Fiche 14.

• On vérifie si $\vec{v}$ et $\overrightarrow{AB}$ sont colinéaires : $1 \times 5 - (-4) \times (-3) = 5 - 12 = -7 \neq 0$, donc $\vec{v}$ et $\overrightarrow{AB}$ ne sont pas colinéaires, donc $\vec{v}$ n'est pas un vecteur directeur de $\mathcal{D}$.

Mémo'Quiz

d_1 est une droite de vecteur directeur $\vec{u}_1\,(5\,;-2)$ et d_2 est la droite passant par les points E(0 ; – 3) et F(4 ; 2).

1. $\vec{v}\,(15\,;-6)$ est un vecteur directeur de d_1.	❑ Vrai	❑ Faux
2. $\vec{w}\,(4\,;5)$ est un vecteur directeur de d_2.	❑ Vrai	❑ Faux
3. $\vec{a}\,(2\,;5)$ est un vecteur directeur de d_1.	❑ Vrai	❑ Faux
4. $\vec{b}\,(-8\,;-10)$ est un vecteur directeur de d_2.	❑ Vrai	❑ Faux
5. d_1 et d_2 sont parallèles.	❑ Vrai	❑ Faux

→ corrigés p. 79

Déterminer une équation cartésienne de droite

20

Lue Relue Acquise

1 L'essentiel du cours

Propriétés – définition :

- Toute droite $\mathcal{D}$ possède une équation de la forme $ax + by + c = 0$, avec a, b et c des nombres réels fixés tels que $a \neq 0$ ou $b \neq 0$.
- $ax + by + c = 0$ est appelée **équation cartésienne** de la droite $\mathcal{D}$.
- L'ensemble des points $M(x\,;y)$ tels que $ax + by + c = 0$ (avec $a \neq 0$ ou $b \neq 0$) est une droite.

Propriétés : La droite $\mathcal{D}$ d'équation cartésienne $ax + by + c = 0$ a pour vecteur directeur $\vec{u}\,(-b\,;a)$.

Remarque

Une droite possède une infinité d'équations cartésiennes.

Exemple : $2x + 5y - 10 = 0$ est une équation cartésienne d'une droite $\mathcal{D}$.
$\vec{u}\,(-5\,;2)$ est donc un vecteur directeur de $\mathcal{D}$.
$-7(2x + 5y - 10) = -7 \times 0$ donc $-14x - 35y + 70 = 0$ est une autre équation cartésienne de cette même droite $\mathcal{D}$.

2 Applications

EXO 1 **Dans un repère, tracer la droite $\mathcal{D}$ d'équation cartésienne $x - 2y + 2 = 0$.**

Solution

Déterminer les coordonnées de deux points de $\mathcal{D}$ qui permettront de la tracer.

- On choisit $x_A = 2$:
$x_A - 2y_A + 2 = 0$ donc $-2y_A = -4$
et $y_A = 2$.
Ainsi, $A(2\,;2) \in \mathcal{D}$.

- On choisit $x_B = 0$:
$x_B - 2y_B + 2 = 0$ donc $-2y_B = -2$ et $y_B = 1$.
Ainsi, $B(0\,;1) \in \mathcal{D}$.

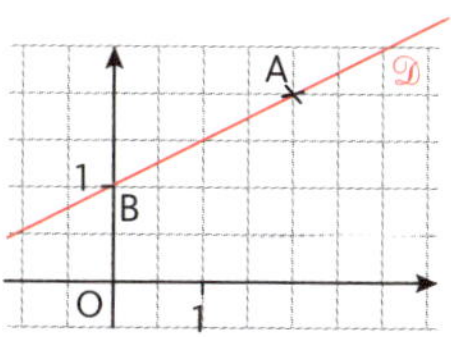

Déterminer une équation cartésienne de droite

EXO 2 **On donne $\mathscr{D}: 2x - 3y + 5 = 0$ et $\mathscr{D}': -4x + y + 1 = 0$. Les droites $\mathscr{D}$ et $\mathscr{D}'$ sont-elles parallèles ?**

Solution

$\vec{u}(3 ; 2)$ est un vecteur directeur de $\mathscr{D}$. $\vec{v}(-1 ; -4)$ est un vecteur directeur de $\mathscr{D}'$.

Or $3 \times (-4) - 2 \times (-1) = -12 + 2 = -10 \neq 0$, donc $\vec{u}$ et $\vec{v}$ ne sont pas colinéaires, ainsi $\mathscr{D}$ et $\mathscr{D}'$ ne sont pas parallèles (elles sont sécantes).

> Déterminer un vecteur directeur de chaque droite.

> Utiliser la propriété du paragraphe **1** **B** de la Fiche 19.

EXO 3 **Déterminer une équation cartésienne :**

1. de la droite $\mathscr{D}$ passant par A(2 ; 1) et de vecteur directeur $\vec{u}(5 ; 2)$.

2. de la droite (BC) où B(1 ; – 3) et C(4 ; 2).

Solution

1. $\vec{u}(5 ; 2)$ donc $\mathscr{D}$ a pour équation $2x - 5y + c = 0$. Or $A(2 ; 1) \in \mathscr{D}$, donc $2x_A - 5y_A + c = 0$, c'est-à-dire $2 \times 2 - 5 \times 1 + c = 0$ d'où $c = 1$.

Ainsi, $\mathscr{D}$ a pour équation cartésienne $2x - 5y + 1 = 0$.

> Utiliser la deuxième propriété du paragraphe **1**. Pour trouver c, utiliser un point de la droite.

2. $\overrightarrow{BC}(3 ; 5)$ est un vecteur directeur de la droite (BC). Donc (BC) a pour équation $5x - 3y + c = 0$. Or, $B(1 ; -3) \in (BC)$, donc $5x_B - 3y_B + c = 0$, c'est-à-dire $5 \times 1 - 3 \times (-3) + c = 0$ d'où $c = -14$.

Ainsi, (BC) a pour équation cartésienne $5x - 3y - 14 = 0$.

Mémo'Quiz

On donne $\mathscr{D}: 3x + 2y - 6 = 0$; A(2 ; 5) et B(–1 ; 3).

1. E est un point de $\mathscr{D}$ dont l'abscisse est égale à 4. Son ordonnée est alors égale à :
- ❑ 1
- ❑ –3
- ❑ –5

2. $\vec{u}$ est un vecteur directeur de la droite $\mathscr{D}$:
- ❑ $\vec{u}(-2 ; 3)$
- ❑ $\vec{u}(2 ; -3)$
- ❑ $\vec{u}(3 ; 2)$

3. $\vec{v}$ est un vecteur directeur de la droite (AB) :
- ❑ $\vec{v}(1 ; 8)$
- ❑ $\vec{v}(3 ; 2)$
- ❑ $\vec{v}(-3 ; -2)$

4. Une équation cartésienne de la droite (AB) est :
- ❑ $2x + 3y + 11 = 0$
- ❑ $-2x + 3y - 11 = 0$
- ❑ $3x + 2y - 16 = 0$

→ corrigés p. 79

Déterminer une équation réduite de droite

21

Lue Relue Acquise

1 L'essentiel du cours

Les droites considérées ici ont pour équation $y = ax + b$ avec $a \neq 0$ et $b \neq 0$. On souhaite déterminer une équation de droite.

Propriété 1 : Un point M $(x_M ; y_M)$ appartient à la droite $\mathscr{D}$ si, et seulement si, les coordonnées de M vérifient l'équation de la droite $\mathscr{D}$.

Remarque

Cette propriété reste valable en remplaçant $\mathscr{D}$ par une courbe quelconque.

- **Conséquence :** $M(x_M ; y_M) \in \mathscr{D} \Leftrightarrow y_M = ax_M + b$.
- **Méthode :**

– Déterminer par le calcul l'équation de $\mathscr{D}$, c'est trouver la valeur des coefficients a et b.

– On choisit un point $A(x_A ; y_A)$ sur $\mathscr{D}$ et un point $B(x_B ; y_B)$ sur $\mathscr{D}$.

– D'après la propriété, on a alors le système :

$$\begin{cases} y_A = ax_A + b \\ y_B = ax_B + b \end{cases}$$

– On résout alors ce système (d'inconnues a et b) en utilisant l'une des méthodes rappelées en fiche 22.

Notation

Le symbole $\Leftrightarrow$ signifie « si, et seulement si ».

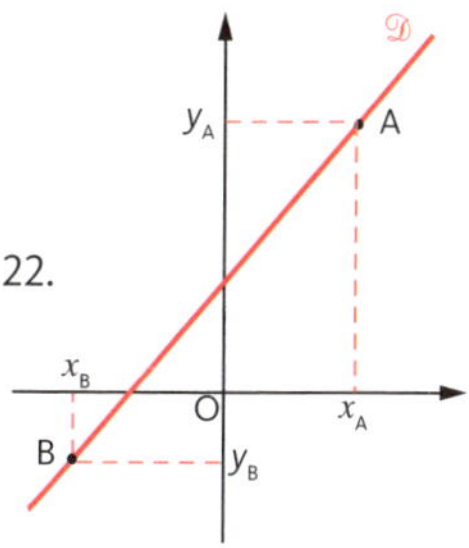

Propriété 2 : La droite (AB) a pour coefficient directeur $a = \dfrac{y_B - y_A}{x_B - x_A}$.

2 Applications

EXO 1 **Lire graphiquement les équations des droites $\mathscr{D}_1$ et $\mathscr{D}_2$ représentées dans le repère ci-contre.**

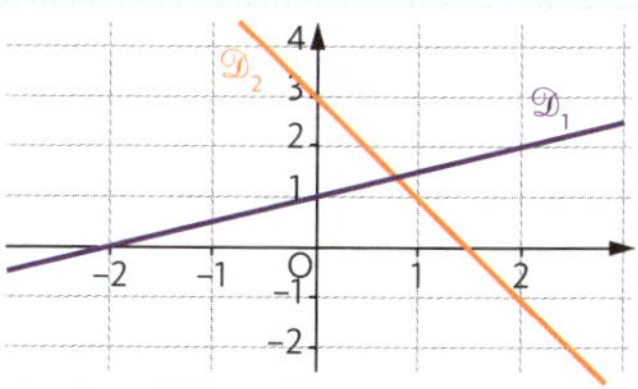

Solution

$\mathscr{D}_1$ a pour équation $y = \dfrac{1}{2}x + 1$.

$\mathscr{D}_2$ a pour équation $y = -2x + 3$.

Déterminer une équation réduite de droite

EXO 2 **Dans un repère, on a tracé une droite $\mathcal{D}$. Déterminer, par le calcul, l'équation de $\mathcal{D}$.**

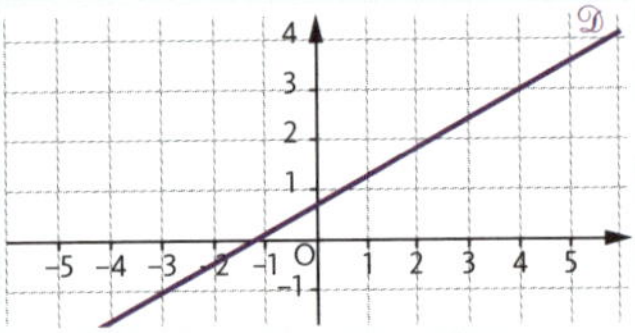

Solution

- On choisit A(4 ; 3) et B(– 3 ; – 1).

> On suit pas à pas la méthode indiquée dans le paragraphe **1**.

- A(4 ; 3) ∈ $\mathcal{D}$ donc $3 = 4a + b$;
B(– 3 ; – 1) ∈ $\mathcal{D}$ donc $-1 = -3a + b$.
- On obtient ainsi le système $\begin{cases} 4a + b = 3 \\ -3a + b = -1 \end{cases}$
- On résout ce système (ici par la méthode de substitution) :
$4a + b = 3$ donne $b = 3 - 4a$, d'où $-3a + b = -1$ donne $-3a + (3 - 4a) = -1$, c'est-à-dire $-3a + 3 - 4a = -1$. Ainsi, $-7a = -4$ et $a = \frac{4}{7}$.
Dès lors, $b = 3 - 4 \times \frac{4}{7} = \frac{5}{7}$. Finalement, $\mathcal{D}$ a pour équation $y = \frac{4}{7}x + \frac{5}{7}$.

Mémo'Quiz

Dans le repère ci-dessous, on a tracé deux droites $\mathcal{D}_1$ et $\mathcal{D}_2$ et placé les points A, B, C et D.

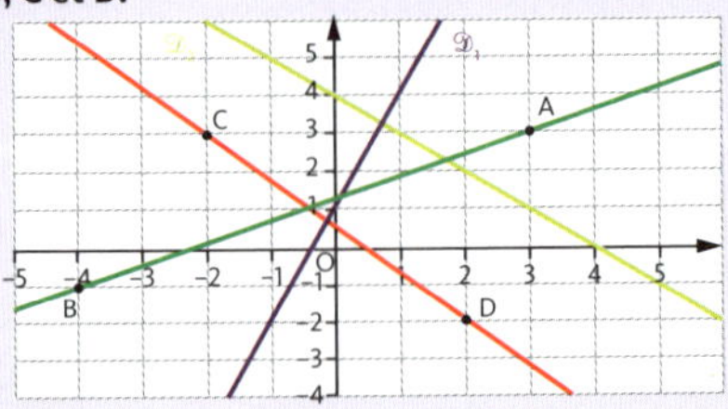

Par lecture graphique :

1. $\mathcal{D}_1$ a pour équation : ❑ $y = x + 3$ ❑ $y = 3x + 1$

2. $\mathcal{D}_2$ a pour équation : ❑ $y = -x + 4$ ❑ $y = 4x + 4$

Par le calcul :

3. (AB) a pour équation : ❑ $y = \frac{4}{7}x + \frac{9}{7}$ ❑ $y = \frac{1}{2}x + \frac{9}{7}$

4. (CD) a pour équation : ❑ $y = -\frac{5}{4}x + \frac{1}{2}$ ❑ $y = -1{,}2x + \frac{1}{2}$

→ corrigés p. 79

Résoudre un système d'équations

22

Lue Relue Acquise

1 L'essentiel du cours

A Principe

- Un système linéaire de deux équations à deux inconnues x et y s'écrit sous la forme $\begin{cases} ax + by = c \\ dx + ey = f \end{cases}$ avec a, b, c, d, e, f des réels fixés.
- Résoudre un tel système, c'est trouver s'il existe au moins un (ou des) couple(s) $(x\,;y)$ solution.

B Méthodes de résolution

Il existe trois méthodes de résolution de ces systèmes :

– la méthode par substitution, présentée dans l'exercice 1 ;

– la méthode par combinaisons linéaires, présentée dans l'exercice 2 ;

– la méthode graphique, en lisant les coordonnées du point d'intersection des deux droites.

Astuce du prof

Résoudre un système d'équations est utile pour :

- trouver les coordonnées du point d'intersection de deux droites ;
- chercher l'équation d'une droite : voir fiche 21.

2 Les méthodes à connaître

EXO 1 **Résoudre, par la méthode de substitution, le système :**

$$\begin{cases} 2x + y = 2 \\ 3x + 4y = -2 \end{cases}$$

Solution

- De $2x + y = 2$, on déduit que $y = 2 - 2x$.
- $3x + 4(2 - 2x) = -2$; d'où $3x + 8 - 8x = -2$; $-5x = -10$.
- Ainsi, $x = \dfrac{-10}{-5} = 2$ et $y = 2 - 2 \times 2 = -2$.
- Le couple $(2\,;-2)$ est la solution du système.

> • On commence par isoler y dans la première équation.
>
> • On remplace alors y par $2 - 2x$ dans la deuxième équation.
>
> • On déduit la valeur de x, puis celle de y.

Réflexe à avoir

Ne pas oublier de conclure.

EXO 2 **Résoudre, par la méthode de combinaisons linéaires, le système $\begin{cases} 2x - 3y = -9 \\ 5x + 4y = 35 \end{cases}$.**

Solution

- $\begin{cases} 5 \times (2x - 3y = -9) \\ 2 \times (5x + 4y = 35) \end{cases}$

donne $\begin{matrix} (L_1) \\ (L_2) \end{matrix} \begin{cases} 10x - 15y = -45 \\ 10x + 8y = 70 \end{cases}$

- $(L_1) - (L_2)$ donne $-23y = -115$.
- $y = \dfrac{-115}{-23} = 5$ et $2x - 3 \times 5 = -9$ d'où $x = 3$.

- On choisit d'éliminer l'une des inconnues (ici x) en utilisant les coefficients devant cette inconnue dans les deux équations.
- On additionne (ou on soustrait, comme ici) membre à membre les deux équations obtenues.
- On déduit la valeur de y, puis celle de x à partir de l'une des équations de départ.

- Le couple (3 ; 5) est la solution du système.
- Vérification (*non demandée*) :

$2 \times 3 - 3 \times 5 = 6 - 15 = -9$

et

$5 \times 3 + 4 \times 5 = 15 + 20 = 35$.

Astuce du prof

Pour déceler d'éventuelles erreurs de calculs, penser à vérifier que le couple solution trouvé est bien solution du système de départ.

Mémo'Quiz

1. (2 ; – 3) est solution du système $\begin{cases} 2x + 3y = 5 \\ -4x + y = 9 \end{cases}$

❑ Vrai ❑ Faux

2. Les couples (1 ; 0) et (10 ; 18) sont solutions du système $\begin{cases} -4x + 2y = -4 \\ y = 2x - 2 \end{cases}$

❑ Vrai ❑ Faux

3. Le système $\begin{cases} 2x + 7y = 12 \\ -3x + 2y = 7 \end{cases}$ a pour solution :

❑ (– 1 ; 2) ❑ (2 ; – 1)

4. Le système $\begin{cases} x + y + 1 = 0 \\ 5x + 5y = 5 \end{cases}$ n'a pas de solution.

❑ Vrai ❑ Faux

→ corrigés p. 79

Connaître la fonction carré, la fonction inverse

23

Lue Relue Acquise

1 L'essentiel du cours

A La fonction carré

Définition : La **fonction carré** est la fonction définie sur ℝ par l'expression $f(x) = x^2$.

Propriétés :

- La fonction carré est croissante sur $[0\,;+\infty[$ et décroissante sur $]-\infty\,;0]$.
- Pour tout x de ℝ, $x^2 \geqslant 0$.

Tableau de variation

x	$-\infty$	0	$+\infty$
x^2	↘	0	↗

Représentation graphique

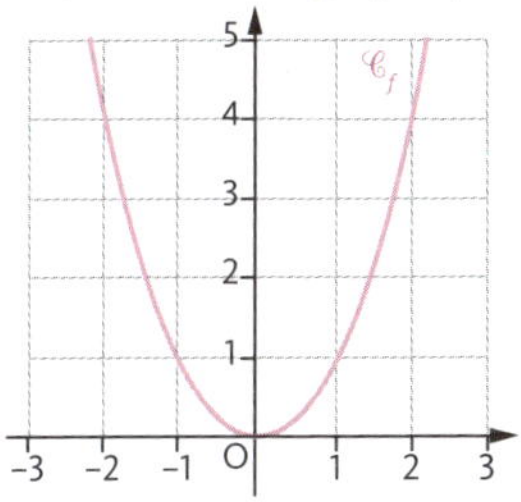

Remarque : Dans un repère orthonormé, cette courbe est appelée **parabole de sommet O**. Elle est symétrique par rapport à l'axe des ordonnées.

B La fonction inverse

Définition : La **fonction inverse** est la fonction définie sur ℝ* par l'expression $f(x) = \dfrac{1}{x}$.

Propriété : La fonction inverse est décroissante sur $]-\infty\,;0[$ et sur $]0\,;+\infty[$.

Notation

ℝ* désigne ℝ privé de 0, c'est-à-dire $]-\infty\,;0[\,\cup\,]0\,;+\infty[$.

Tableau de variation

x	$-\infty$	0	$+\infty$
$\dfrac{1}{x}$	↘	‖	↘

Représentation graphique

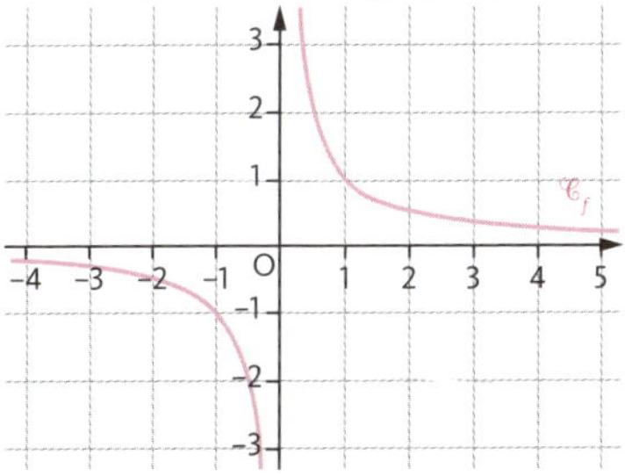

Définition : Dans un repère orthonormé, cette courbe est appelée **hyperbole**. Elle est symétrique par rapport à l'origine O du repère.

2 Applications

EXO 1 **Utiliser la courbe représentative de la fonction carré pour résoudre l'inéquation $x^2 \leqslant 6$.**

Solution

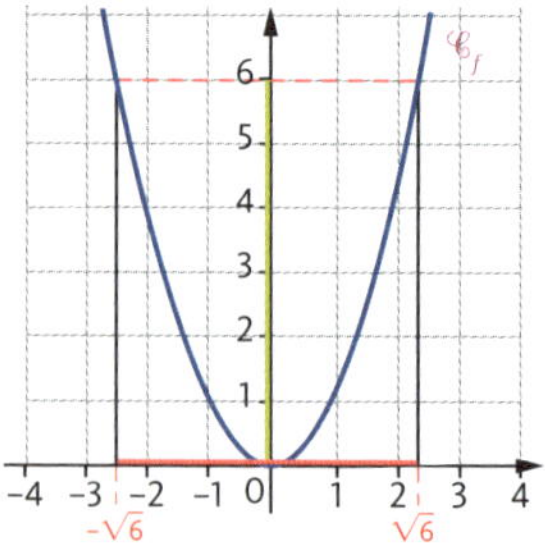

- On trace la parabole dans un repère orthogonal.
- On place 6 sur l'axe des ordonnées et les abscisses $-\sqrt{6}$ et $\sqrt{6}$.
- On localise (en vert) sur l'axe des ordonnées les nombres inférieurs ou égaux à 6.
- On localise (en rouge) sur l'axe des abscisses les nombres correspondants.

Ainsi, $x^2 \leqslant 6$ lorsque $x \in [-\sqrt{6}\,;\sqrt{6}]$.

EXO 2 **Utiliser les variations de la fonction inverse pour ranger par ordre croissant les nombres $\frac{1}{-2{,}15}$ et $\frac{1}{-2{,}16}$.**

Solution

−2,15 et −2,16 sont négatifs.
Or la fonction inverse est décroissante sur $]-\infty\,;0[$ et $-2{,}16 < -2{,}15$, donc $\frac{1}{-2{,}16} > \frac{1}{-2{,}15}$.

- On commence par identifier le signe des nombres proposés.
- On utilise alors la décroissance de la fonction inverse sur $]-\infty\,;0[$, puis sur $]0\,;+\infty[$.

Mémo'Quiz

Utiliser la représentation graphique de la fonction carré ou inverse pour répondre aux questions ci-dessous.

1. ☐ $2{,}135^2 > 3{,}205^2$ ☐ $2{,}135^2 < 3{,}205^2$ ☐ $2{,}135^2 = 3{,}205^2$

2. Lorsque $x \in]-5\,;2]$: ☐ $x^2 \in [0\,;25[$ ☐ $x^2 \in]-25\,;4]$ ☐ $x^2 \in [4\,;25[$

3. ☐ $\frac{1}{-0{,}3} < \frac{1}{0{,}2} < \frac{1}{0{,}3}$ ☐ $\frac{1}{-0{,}3} < \frac{1}{-0{,}2} < \frac{1}{0{,}3}$ ☐ $\frac{1}{-0{,}2} < \frac{1}{-0{,}3} < \frac{1}{0{,}3}$

4. L'inéquation $\frac{1}{x} > 2$ a pour solutions :

☐ $x \in \left[\frac{1}{2}\,;+\infty\right[$ ☐ $x \in \left]\frac{1}{2}\,;+\infty\right[$ ☐ $x \in \left]0\,;\frac{1}{2}\right[$

→ corrigés p. 79

Connaître la fonction cube, la fonction racine carrée

24

☐ Lue ☐ Relue ☐ Acquise

1 L'essentiel du cours

A La fonction cube

Définition : La **fonction cube** est la fonction définie sur $\mathbb{R}$ par l'expression $f(x) = x^3$.

Propriété : La fonction cube est strictement croissante sur $\mathbb{R}$.

Tableau de variation

x	$-\infty$	$+\infty$
x^3	↗	

Représentation graphique

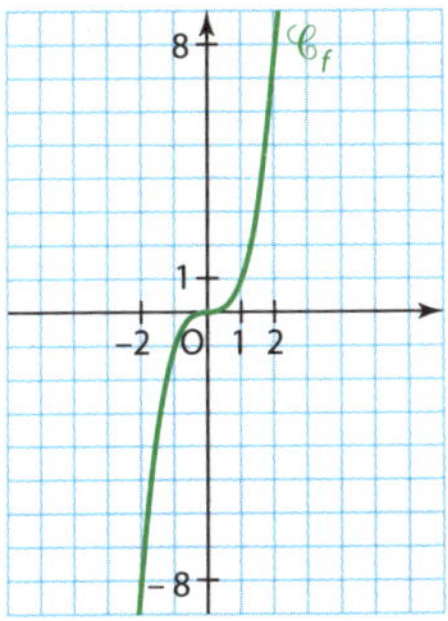

Remarque : Cette courbe est symétrique par rapport à l'origine O du repère.

B La fonction racine carrée

Définition : La **fonction racine carrée** est la fonction définie sur $[0\,;+\infty[$ par l'expression $f(x) = \sqrt{x}$.

Propriété :
- La fonction racine carrée est strictement croissante sur $\mathbb{R}$.
- Pour tout x de $[0\,;+\infty[$, $\sqrt{x} \geqslant 0$.

Tableau de variation

x	0	$+\infty$
$\sqrt{x}$	0 ↗	

Représentation graphique

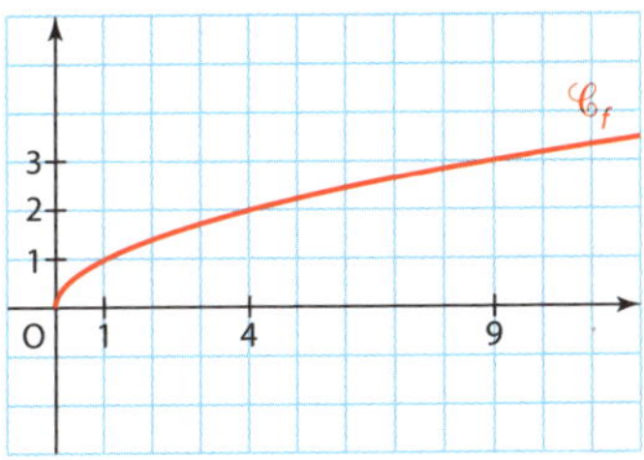

2 Applications

EXO 1 **Sans utiliser la calculatrice, ranger les nombres ci-dessous par ordre croissant.**

$A = 12{,}5^3$ $B = 27$ $C = -8$ $D = (-1{,}8)^3$

Solution

$A = 12{,}5^3$; $B = 27 = 3^3$; $C = -8 = (-2)^3$; $D = (-1{,}8)^3$.

Or la fonction cube est strictement croissante, donc des nombres et leurs cubes sont rangés dans le même ordre.

Or $-2 < -1{,}8 < 3 < 12{,}5$, donc $C < D < B < A$.

> Écrire les nombres proposés sous la forme de cubes.
> Puis utiliser les variations de la fonction cube.

EXO 2 **Utiliser la courbe représentative de la fonction racine carrée pour résoudre l'inéquation : $1 \leqslant \sqrt{x} \leqslant 3$.**

Solution

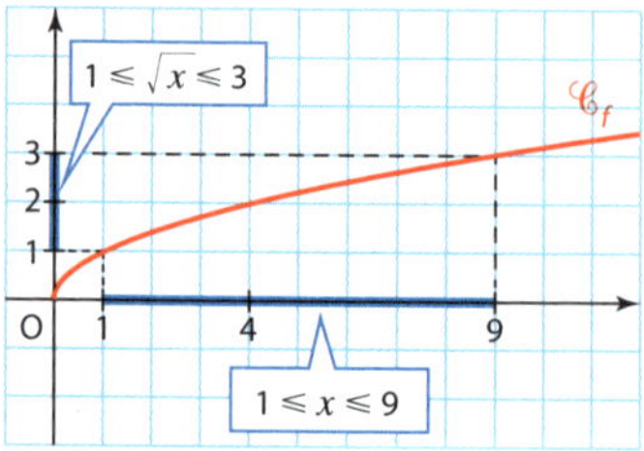

> Il est conseillé de savoir tracer rapidement (à main levée) la courbe représentative des fonctions usuelles.

Ainsi, $1 \leqslant \sqrt{x} \leqslant 3$ lorsque $1 \leqslant x \leqslant 9$.

Mémo'Quiz

Cet exercice est à faire sans calculatrice.

1. $8{,}1^3 > (-1{,}8)^3$ ❏ Vrai ❏ Faux
2. 0 est l'image de 0 par la fonction cube. ❏ Vrai ❏ Faux
3. – 9 a pour antécédent – 3 par la fonction cube. ❏ Vrai ❏ Faux
4. $\sqrt{143{,}2} < \sqrt{151{,}1}$ ❏ Vrai ❏ Faux
5. 16 est l'image de 4 par la fonction racine carrée. ❏ Vrai ❏ Faux
6. $\sqrt{-4} = -2$ ❏ Vrai ❏ Faux

→ corrigés p. 79

Savoir lire sur un graphique 25

Lue Relue Acquise

1 L'essentiel du cours

Définition : f est une fonction définie sur un intervalle I. Dans un repère, la **courbe représentative** de f notée $\mathscr{C}_f$ est l'ensemble de tous les points de coordonnées $(x\,;f(x))$ avec $x \in \mathrm{I}$.

A Savoir lire une image, un antécédent

Définitions :

- **L'image** de $x_0 \in \mathrm{I}$ par f est le réel y_0 tel que $f(x_0) = y_0$.
- S'il(s) existe(nt), un (ou des) **antécédent(s)** de y_1 par f est le (ou les) x tel(s) que $f(x) = y_1$.

B Savoir lire les solutions d'une équation

Les solutions de l'équation $f(x) = k$ sont les abscisses des points d'intersection de $\mathscr{C}_f$ et de la droite d'équation $y = k$.

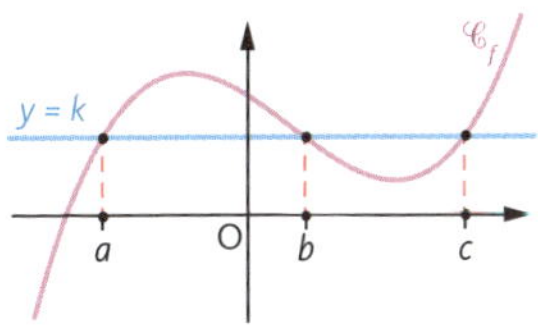

$f(x) = k$ lorsque $x = a$ ou $x = b$ ou $x = c$.

Les solutions de l'équation $f(x) = g(x)$ sont les abscisses des points d'intersection de $\mathscr{C}_f$ et de $\mathscr{C}_g$.

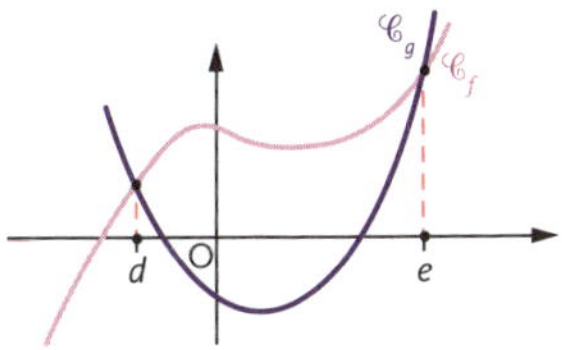

$f(x) = g(x)$ lorsque $x = d$ ou $x = e$.

C Savoir lire les solutions d'une inéquation

Les solutions de l'inéquation $f(x) > k$ sont les abscisses des points de $\mathscr{C}_f$ situés au-dessus de la droite d'équation $y = k$.

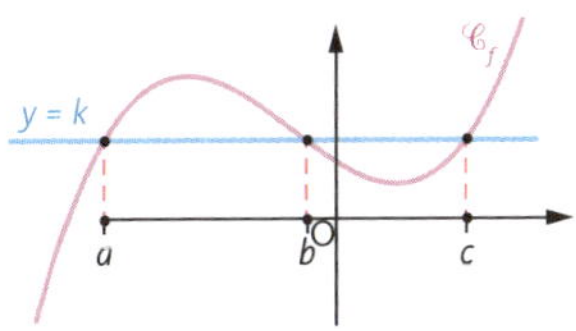

$f(x) > k$ lorsque $x \in \,]a\,;b[\cup]c\,;+\infty[$.

Les solutions de l'inéquation $f(x) > g(x)$ sont les abscisses des points de $\mathscr{C}_f$ situés au-dessus de ceux de $\mathscr{C}_g$.

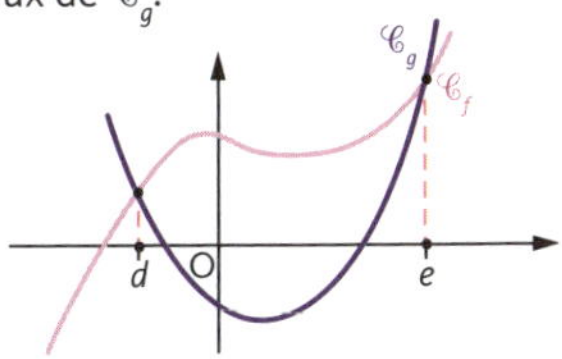

$f(x) > g(x)$ lorsque $x \in \,]d\,;e[$.

2 Application

EXO *f* et *g* sont les fonctions définies sur [– 3 ; 5] et représentées par $\mathscr{C}_f$ et $\mathscr{C}_g$.
Lire graphiquement :
- l'image de – 3 par *f* ;
- les antécédents de – 3 par *f* ;
- la (ou les) solution(s) de l'équation $f(x) = g(x)$;
- les solutions de l'inéquation $f(x) > 0$.

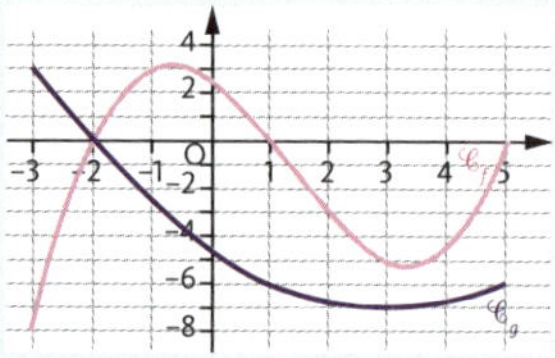

Solution

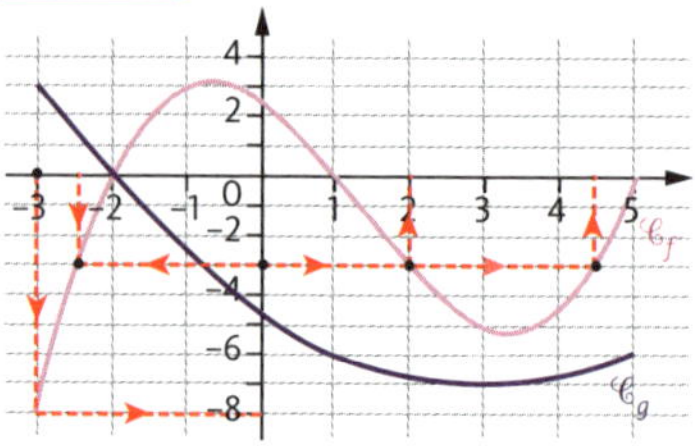

- L'image de – 3 par *f* est – 8.
- Les antécédents de – 3 par *f* sont – 2,5 ; 2 et 4,5.
- $f(x) = g(x)$ lorsque $x = -2$.
- $f(x) > 0$ lorsque $x \in]-2\,;1[$.

- Pour lire l'image de – 3 par *f* : on place – 3 sur l'axe des abscisses, on se déplace jusqu'à $\mathscr{C}_f$, puis on reporte sur l'axe des ordonnées.
- Pour lire les antécédents de – 3 par *f* : on place – 3 sur l'axe des ordonnées, on se déplace jusqu'à $\mathscr{C}_f$, puis on reporte sur l'axe des abscisses.
- Pour les solutions de $f(x) = g(x)$, on utilise le **B** du cours.
- Pour les solutions de $f(x) > 0$, on utilise le **C** du cours avec $k = 0$.

Mémo'Quiz

g est la fonction définie sur [– 4 ; 8] représentée par $\mathscr{C}_g$.

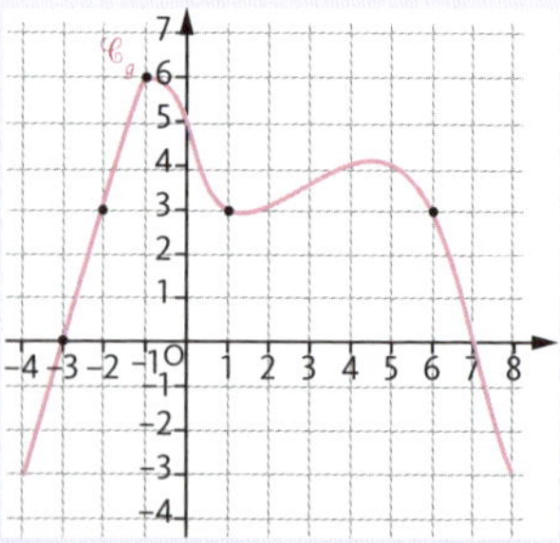

1. L'image de 6 par *g* est :
❑ – 1 ❑ 3 ❑ 6

2. Les antécédents de 0 par *g* sont :
❑ – 3 et 7 ❑ 5 et 0 ❑ 2 et – 2

3. $g(x) \leqslant 0$ lorsque *x* appartient à :
❑ [– 4 ; – 1] ❑ [– 4 ; – 3] ❑ [5 ; 8]

4. $g(x) = 3$ lorsque *x* est égal à :
❑ – 3 ❑ 4 ou 5 ❑ – 2 ; 1 ou 6

→ corrigés p. 79

Étudier la parité d'une fonction 26

Lue Relue Acquise

1 L'essentiel du cours

On note D le domaine de définition d'une fonction f.
Dans les paragraphes ci-dessous, D est symétrique par rapport à zéro.

Exemples : $D = [-5 ; 5]$; $D =]-1 ; 1[$; $D = \mathbb{R}$

A Fonction paire

Définition : Une **fonction** f définie sur D est dite **paire** lorsque, pour tout x de D, $f(-x) = f(x)$.

Conséquence graphique : Dans un repère orthogonal, la courbe représentative de f est symétrique par rapport à l'axe des ordonnées.

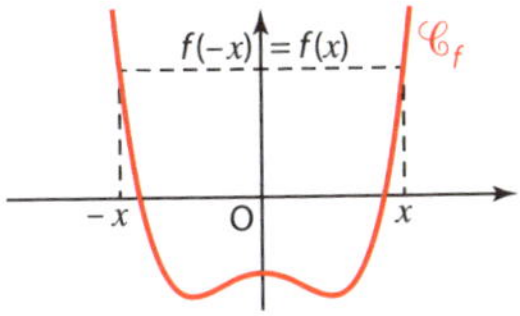

B Fonction impaire

Définition : Une **fonction** f définie sur D est dite **impaire** lorsque, pour tout x de D, $f(-x) = -f(x)$.

Conséquence graphique : Dans un repère orthogonal, la courbe représentative de f est symétrique par rapport à l'origine O du repère.

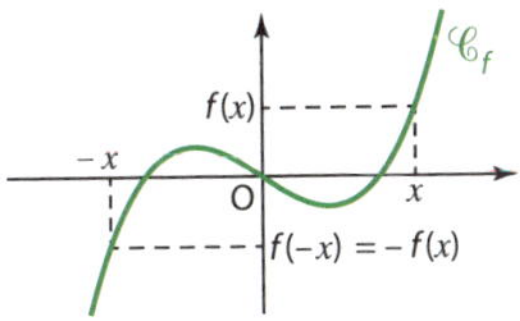

2 Applications

EXO 1 **Étudier la parité des fonctions f, g et h définies sur $\mathbb{R}$ par :**
1. $f(x) = 5x^2 + 1$ **2.** $g(x) = 1 + x + x^2$ **3.** $h(x) = x^3 + \sin x$.

Solution

1. Pour tout x de $\mathbb{R}$,
$f(-x) = 5(-x)^2 + 1 = 5x^2 + 1 = f(x)$.
Donc f est une fonction paire.

> Étudier la parité d'une fonction, c'est regarder si elle est paire ou impaire ou ni l'un, ni l'autre.

2. Pour tout x de $\mathbb{R}$,
$g(-x) = 1 + (-x) + (-x)^2 = 1 - x + x^2 \neq g(x)$.
Donc g n'est pas une fonction paire.

> Commencer par exprimer $f(-x)$, puis le comparer à $f(x)$ et à $-f(x)$.

Étudier la parité d'une fonction

De plus, $g(-x) \neq -g(x) = -1 - x - x^2$. Donc g n'est pas une fonction impaire. Ainsi, g est une fonction quelconque.

3. Pour tout x de $\mathbb{R}$,
$h(-x) = (-x)^3 + \sin(-x) = -x^3 - \sin x$
$= -(x^3 + \sin x) = -h(x)$.
Donc h est une fonction impaire.

> Si la fonction n'est ni paire, ni impaire, alors on dit qu'elle est **quelconque**.

EXO 2 ***f* est une fonction définie sur [– 2 ; 2].**
Dans chaque cas, compléter la courbe $\mathscr{C}_f$ représentative de *f* (donnée ci-contre) pour que :
1. *f* soit paire
2. *f* soit impaire.

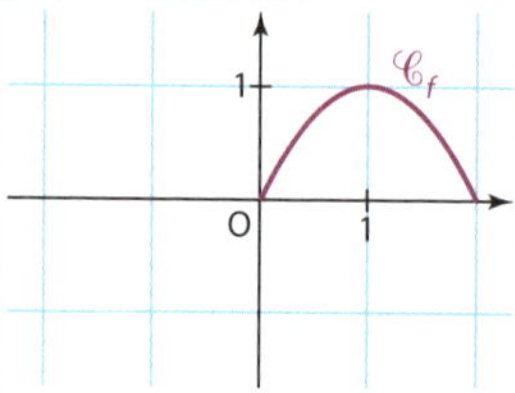

Solution

1.

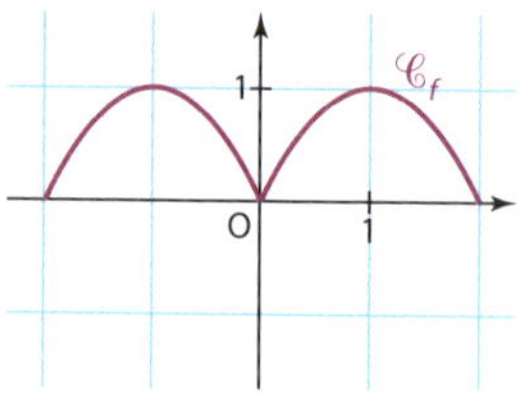

2.

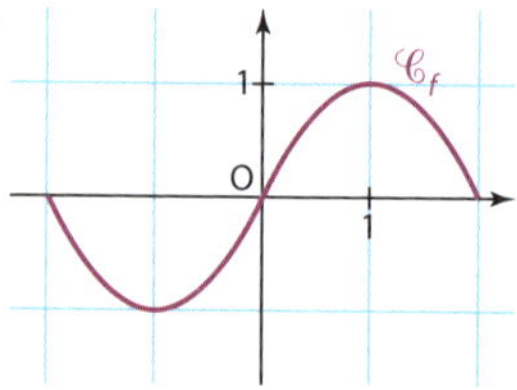

> Utiliser les conséquences graphiques des paragraphes 1 A et B.

Mémo'Quiz

f, g et h sont les fonctions définies sur $\mathbb{R}$ par : $f(x) = \dfrac{1}{1+x^2}$; $g(x) = \dfrac{x^3}{1+x^2}$; $h(x) = 1 - x^5$.

1. ❑ f est paire ❑ f est impaire ❑ f est quelconque

2. ❑ g est paire ❑ g est impaire ❑ g est quelconque

3. ❑ h est paire ❑ h est impaire ❑ h est quelconque

→ corrigés p. 79

Comprendre le sens de variation

Lue Relue Acquise

27

1 L'essentiel du cours

f désigne une fonction définie sur un intervalle I.

A Fonction croissante

Définition : f est dite **croissante** sur I lorsque, pour tout a, b, de I :

$$\text{si } a < b, \text{ alors } f(a) \leqslant f(b)$$

- **Interprétation graphique**

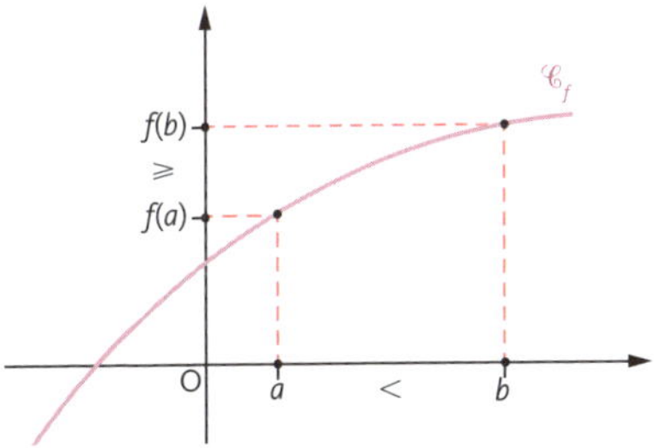

En parcourant le graphique de gauche à droite, $\mathscr{C}_f$ « monte ».

Remarque

On dit qu'une fonction croissante conserve l'ordre entre deux réels et leurs images.

B Fonction décroissante

Définition : f est dite **décroissante** sur I lorsque, pour tout a, b de I :

$$\text{si } a < b, \text{ alors } f(a) \geqslant f(b)$$

- **Interprétation graphique**

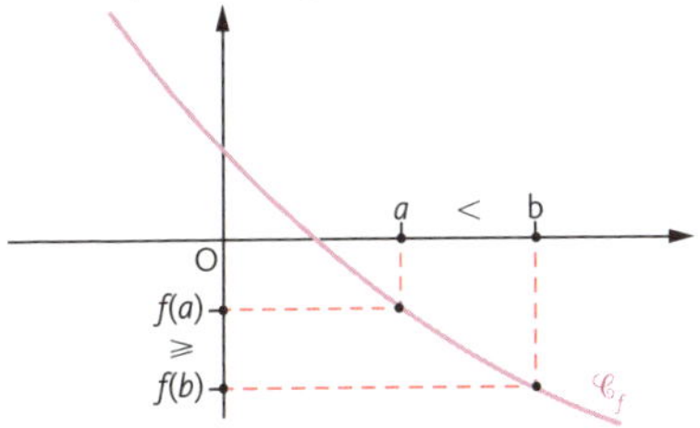

En parcourant le graphique de gauche à droite, $\mathscr{C}_f$ « descend ».

Remarque

On dit qu'une fonction décroissante renverse l'ordre entre deux réels et leurs images.

C Fonction constante

Définition : f est dite **constante** sur I lorsque, pour tout a, b de I :

$$\text{si } a < b, \text{ alors } f(a) = f(b)$$

- **Interprétation graphique**

$\mathscr{C}_f$ est alors une droite parallèle à l'axe des abscisses.

2 Applications

EXO 1 **Indiquer sur quel intervalle la fonction *f* définie sur [– 5 ; 5], représentée ci-contre, est :**
- **croissante ;**
- **décroissante ;**
- **constante.**

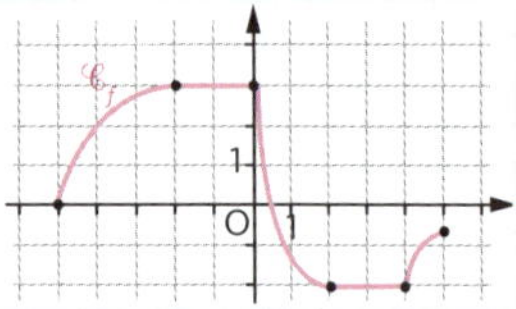

Solution

La fonction *f* est croissante sur les intervalles [– 5 ; – 2] et [4 ; 5].
La fonction *f* est décroissante sur l'intervalle [0 ; 2].
La fonction *f* est constante sur les intervalles [– 2 ; 0] et [2 ; 4].

On observe le graphique et on utilise les interprétations graphiques du cours.

EXO 2 **Étudier le sens de variation des fonctions *f* et *g* définies par :**
1. $f(x) = -3x + 5$. **2.** $g(x) = 4x - 3$.

Solution

1. Pour tout a, b de $\mathbb{R}$, si $a < b$,
alors $-3a > -3b$,
donc $-3a + 5 > -3b + 5$ et ainsi $f(a) > f(b)$.
Finalement, si $a < b$, alors $f(a) > f(b)$.
f est donc décroissante sur $\mathbb{R}$.

2. Pour tout a, b de $\mathbb{R}$, si $a < b$,
alors $4a < 4b$, donc $4a - 3 < 4b - 3$
et ainsi $g(a) < g(b)$.
Finalement, si $a < b$, alors $g(a) < g(b)$.
g est donc croissante sur $\mathbb{R}$.

On utilise la définition des variations d'une fonction.
Attention : multiplier (ou diviser) les deux membres d'une inégalité par un même réel négatif change le sens de l'inégalité !

Mémo'Quiz

1. La fonction *f* définie sur $\mathbb{R}$ par $f(x) = 7x - 4$ est croissante sur $\mathbb{R}$. ❑ Vrai ❑ Faux

2. La fonction *g* définie sur $\mathbb{R}$ par $g(x) = -2x - 3$ est croissante sur $\mathbb{R}$. ❑ Vrai ❑ Faux

3. La fonction *h* définie sur [1 ; 10] par $h(x) = \dfrac{1}{2x}$ est décroissante sur $\mathbb{R}$. ❑ Vrai ❑ Faux

➜ corrigés p. 79

Dresser un tableau de variation

28

Lue Relue Acquise

1 L'essentiel du cours

f désigne une fonction définie sur un intervalle I.

- **Principe** : Le tableau de variation de f sert à schématiser la représentation graphique de f sur I. Il indique les variations de f sur I, les éventuels extrema, les valeurs de x pour lesquelles f n'est pas définie...

- **De la représentation graphique au tableau de variation (exemple)**

f est la fonction définie sur $]-3\,;3]$ et représentée ci-dessous.

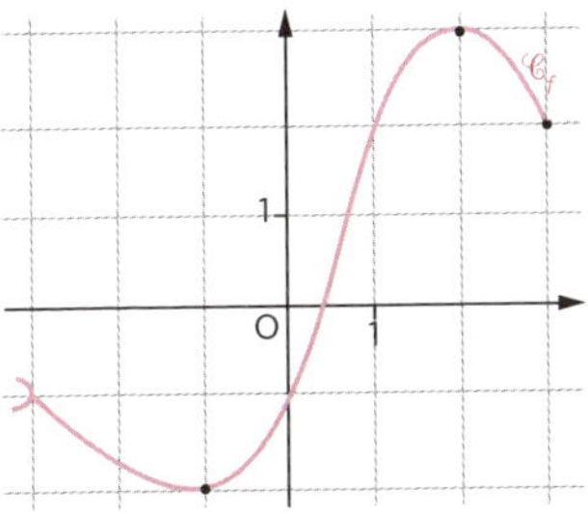

x	-3	-1	2	3
f	‖ ↘	-2 ↗	3 ↘	2

Remarques :

- On place un crochet sur le graphique et une double barre dans le tableau pour signifier que f n'est pas définie lorsque $x = -3$.
- On lit par exemple que f est croissante sur l'intervalle $[-1\,;2]$.
- On lit par exemple que f admet un minimum sur $]-3\,;3]$ égal à -2 et que ce minimum est atteint pour $x = -1$.

Piège à éviter

Il ne faut pas confondre les variations de f avec le signe de f (qui n'est pas indiqué dans le tableau).

2 Application

EXO

1. Dresser le tableau de variation de la fonction f définie sur $[-4\,;8[$ et représentée dans le repère ci-après.

2. En déduire les extrema de f sur $[-4\,;8[$.

3. Pour quelles valeurs de x a-t-on $f(x) \geqslant 0$?

Dresser un tableau de variation

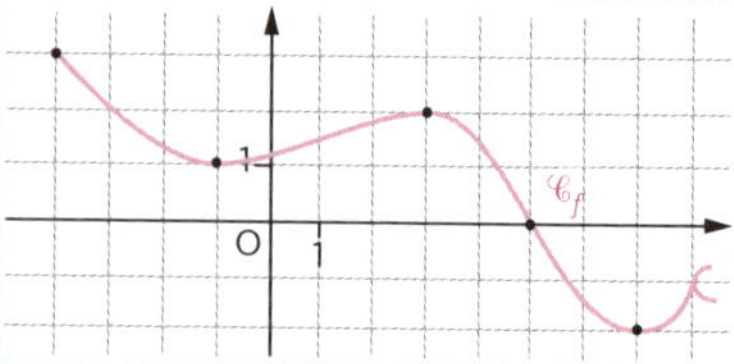

Solution

1.

x	-4		-1		3		7		8
f	3	↘	1	↗	2	↘	-2	↗	‖

f n'est pas définie en $x = 8$, il ne faut pas oublier la double barre.

2. Sur l'intervalle $[-4\,;8[$:

- f admet un maximum égal à 3 (atteint pour $x = -4$) ;
- f admet un minimum égal à -2 (atteint pour $x = 7$).

On peut lire les extrema de *f* sur le graphique ou dans le tableau de variation.

3. $f(x) \geqslant 0$ lorsque $x \in [-4\,;5]$.

$f(x) \geqslant 0$ lorsque $\mathscr{C}_f$ est située au-dessus de l'axe des abscisses.

Mémo'Quiz

Le tableau de variation d'une fonction *f* définie sur $[-10\,;10]$ est donné ci-contre.

x	-10		-5		2		8		10
f		↘	-3	↗	0	↗	7	↘	4

1. La fonction *f* est croissante sur :

❑ $[-10\,;10]$ ❑ $[-5\,;8]$ ❑ $[-3\,;7]$

2. La fonction *f* est décroissante sur :

❑ $[7\,;4]$ ❑ $[8\,;10]$ ❑ $[-10\,;2]$

3. Le minimum de *f* sur $[-10\,;10]$ est :

❑ -5 ❑ 8 ❑ -3

4. $f(x) \geqslant 0$ sur l'intervalle :

❑ $[2\,;10]$ ❑ $[0\,;10]$ ❑ On ne peut pas savoir.

➜ corrigés p. 80

Utiliser les évolutions en pourcentage

29

Lue Relue Acquise

1 L'essentiel du cours

A Pourcentage d'évolution et coefficient multiplicateur

Définition – Propriété : Une grandeur subit une évolution entre sa valeur initiale (non nulle), notée V_0, et sa valeur finale, notée V_1.

- Entre la valeur V_0 et la valeur V_1, cette grandeur a subi une **évolution en pourcentages**, notée t, qui vérifie :

$$V_1 = V_0\left(1 + \frac{t}{100}\right)$$

- Le **coefficient multiplicateur** de V_0 à V_1 est le nombre, noté CM, égal à :

$$\text{CM} = 1 + \frac{t}{100}$$

B Conséquences

Du paragraphe A on déduit facilement d'autres formules à connaître.

Propriétés :

- $\text{CM} = \dfrac{V_1}{V_0}$
- $t = \dfrac{V_1 - V_0}{V_0} \times 100 = (\text{CM} - 1) \times 100$

Remarque : Lorsque, en passant de V_0 à V_1, la grandeur subit :

une **augmentation**	$V_1 > V_0$	$t > 0$	$\text{CM} > 1$
une **diminution**	$V_1 < V_0$	$t < 0$	$\text{CM} < 1$

C Variation absolue – variation relative

Définitions : La **variation absolue** entre V_0 et V_1 est le nombre $V_1 - V_0$.
La **variation relative** entre V_0 et V_1 est le nombre $\dfrac{V_1 - V_0}{V_0}$.

2 Applications

EXO 1 **En 1989, la France comptait 57,7 millions d'habitants. En 2019, la France comptait 67 millions d'habitants. Calculer :**

1. la variation absolue sur ces trente années ;

2. la variation relative sur ces trente années ;

3. l'évolution en pourcentage sur ces trente années.

Solution

Dans cet exercice, $V_0 = 57{,}7$ et $V_1 = 67$.

> Il suffit d'identifier la valeur initiale V_0 et la valeur finale V_1, puis d'appliquer les formules du cours.

1. $V_1 - V_0 = 67 - 57{,}7 = 9{,}3$ millions d'habitants.

2. $\dfrac{V_1 - V_0}{V_0} = \dfrac{67 - 57{,}7}{57{,}7} \approx 0{,}161$.

3. $t = \dfrac{V_1 - V_0}{V_0} \times 100 = 0{,}161 \times 100 \approx 16{,}1\ \%$.

> Attention, la variation relative n'a pas d'unité.

Entre 1989 et 2019, la population française a augmenté d'environ 16,1 %.

EXO 2 **En 2019, le nombre d'inscrits sur un réseau social était de 8,9 millions. Un an plus tard, le nombre d'inscrits a baissé de 23 %.**
Calculer le coefficient multiplicateur et le nombre d'inscrits un an plus tard.

Solution

$V_0 = 8{,}9$ et $t = -23\ \%$.

Ainsi, $CM = 1 + \dfrac{-23}{100} = 0{,}77$.

$V_1 = V_0 \times CM = 8{,}9 \times 0{,}77 = 6{,}853$

Un an plus tard, il y avait 6,853 millions d'inscrits.

> Associer les données de l'énoncé, puis les questions posées aux données du cours : V_0, V_1, CM ou t. Appliquer les formules.

Mémo'Quiz

1. On donne $V_0 = 3$ et $CM = 1{,}4$.

- ❑ $V_1 = 4{,}4$ ❑ $V_1 = 4{,}2$ ❑ $V_1 = 1{,}7$

2. On donne $CM = 0{,}89$.

- ❑ $t = -0{,}11\ \%$ ❑ $t = -11\ \%$ ❑ $t = 11\ \%$

3. On donne $V_0 = 7$ et $V_1 = 10$.

- ❑ $t \approx 43\ \%$ ❑ $t \approx 3\ \%$ ❑ $t \approx 30\ \%$

4. On donne $V_0 = 180$ et $V_1 = 237{,}6$. La variation relative entre V_0 et V_1 est égale à :

- ❑ 1,32 ❑ 32 % ❑ 0,32

→ corrigés p. 80

Appliquer des évolutions successives ou réciproques

30

Lue Relue Acquise

1 L'essentiel du cours

A Évolutions successives

Définition – Propriété : Une grandeur passe d'une valeur V_0 à une valeur V_1 en subissant une évolution de t_1 % ; puis elle passe de la valeur V_1 à une valeur V_2 en subissant une évolution de t_2 %.

On note t l'**évolution globale,** en pourcentages, qui permet de passer de V_0 à V_2.

On a alors : $1+\frac{t}{100}=\left(1+\frac{t_1}{100}\right)\left(1+\frac{t_2}{100}\right)$,

c'est-à-dire $CM_{global} = CM_1 \times CM_2$.

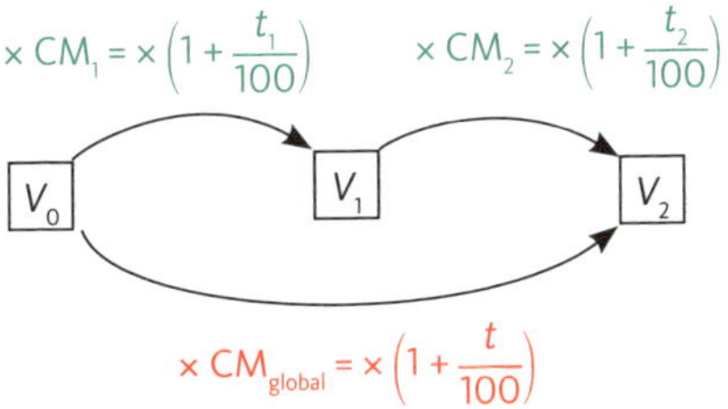

Piège à éviter

$t \neq t_1 + t_2$

B Évolution réciproque

Définition – Propriété : Une grandeur passe d'une valeur V_0 à une valeur V_1 en subissant une évolution de t %.

On note t' l'**évolution réciproque**, en pourcentages, qui permet de passer de V_1 à V_0.

Piège à éviter

$t' \neq -t$

On a alors : $1+\frac{t'}{100}=\frac{1}{1+\frac{t}{100}}$

c'est-à-dire $CM' = \frac{1}{CM}$.

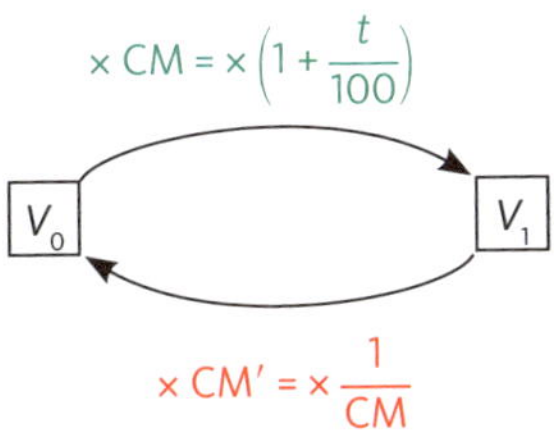

2 Applications

EXO 1 **Voici les différents chiffres d'affaires d'une entreprise, en millions d'euros.**

Année	Chiffre d'affaires
2018	2,5
2019	2,7
2020	2,8

1. Calculer les évolutions en pourcentages :
a. entre 2018 et 2019 ; b. entre 2019 et 2020.
2. En déduire l'évolution du chiffre d'affaires entre 2018 et 2020.

Solution

1. a. $V_0 = 2{,}5$ et $V_1 = 2{,}7$
donc $t_1 = \dfrac{2{,}7 - 2{,}5}{2{,}5} \times 100 = 8\ \%$.

Appliquer la propriété du paragraphe 1 A et revoir la Fiche 29.

b. $V_1 = 2{,}7$ et $V_2 = 2{,}8$ donc $t_2 = \dfrac{2{,}8 - 2{,}7}{2{,}7} \times 100 \approx 3{,}7\ \%$.

2. $CM_{global} = CM_1 \times CM_2 \approx 1{,}08 \times 1{,}037 \approx 1{,}12$.

Donc $t = (CM_{global} - 1) \times 100 \approx 12\ \%$.

EXO 2 **Un tee-shirt soldé à 20 % coûte désormais 44,80 €. Calculer l'évolution réciproque et en déduire le prix du tee-shirt non soldé.**

Solution

$$CM' = \frac{1}{CM} = \frac{1}{1 + \frac{-20}{100}} = 1{,}25$$

Attention à ne pas écrire que le prix non soldé était de $44{,}80 \times \left(1 + \dfrac{20}{100}\right)$ € !

Donc l'évolution réciproque est $t' = (CM' - 1) \times 100 = 25\ \%$.

Ainsi, le prix non soldé est $V_1 = V_0 \times \left(1 + \dfrac{t'}{100}\right) = 44{,}80 \times \left(1 + \dfrac{25}{100}\right) = 56$ €.

Mémo'Quiz

1. Une valeur subit deux augmentations successives de 10 %. Ces deux augmentations correspondent à une augmentation globale de 20 % exactement. ❑ Vrai ❑ Faux

2. Une valeur initiale V_0 subit une baisse de 35 % pour arriver à une valeur finale V_1. Pour retrouver V_0, il faut que V_1 subisse une hausse d'environ 53,8 %. ❑ Vrai ❑ Faux

→ corrigés p. 80

Calculer une moyenne, un écart-type

31

Lue Relue Acquise

1 L'essentiel du cours

Pour calculer la moyenne ou l'écart-type d'une série statistique, il faut que :

- les valeurs soient quantitatives ;
- si les valeurs sont exprimées sous forme de classes (c'est-à-dire sous forme d'intervalles), alors il faut remplacer chaque classe $[a ; b[$ par son centre $\frac{a+b}{2}$ afin de se ramener au cas précédent (voir exo 2).

A Moyenne et écart-type

On considère la série statistique ci-dessous.

Valeur	x_1	x_2	...	x_k	Effectif total
Effectif	n_1	n_2	...	n_k	N

Réflexe à avoir

La moyenne est exprimée dans la même unité que les valeurs.

Définitions :

- La **moyenne** de cette série statistique est le réel, noté $\overline{x}$, égal à :

$$\overline{x} = \frac{n_1 \times x_1 + n_2 \times x_2 + \ldots + n_k \times x_k}{N}$$

- L'**écart-type** de cette série statistique est le réel, noté σ, égal à $\sigma = \sqrt{V}$ où la **variance** V est :

$$V = \frac{1}{N}[n_1(x_1 - \overline{x})^2 + \ldots + n_k(x_k - \overline{x})^2]$$

B Utilisation de la calculatrice

Il est impératif de savoir utiliser sa calculatrice afin d'effectuer ces calculs, notamment le paramétrage en listes (1 et 2). Ces manipulations sont détaillées sur les rabats de couverture en début d'ouvrage pour les Texas Instruments et en fin d'ouvrage pour les Casio.

2 Applications

EXO 1 **Utiliser la calculatrice afin de calculer une valeur arrondie au centième de l'aire moyenne associée à la série statistique ci-dessous.**

Aire (en cm²)	104	107	108	111	112	113	114
Effectif	5	13	12	23	11	24	23

Solution

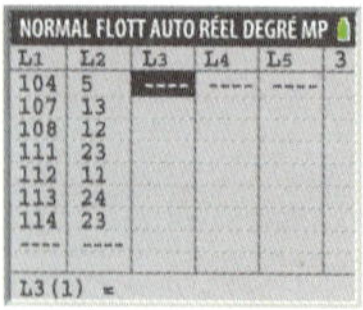

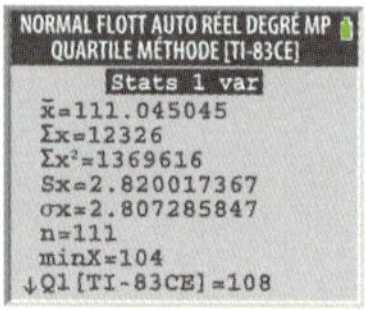

Ainsi, l'aire moyenne est d'environ 111,045 cm^2 et l'écart-type d'environ 2,807 cm^2.

EXO 2 **Calculer la moyenne de la série statistique ci-dessous.**

Classe	[50 ; 100[	[100 ; 150[	[150 ; 200[	[200 ; 250[
Fréquence	0,2	0,1	0,4	0,3

Solution

Par exemple $\frac{50 + 100}{2} = 75$ et $\frac{100 + 150}{2} = 125$.

Centre	75	125	175	225
Fréquence	0,2	0,1	0,4	0,3

$\overline{x} = 0{,}2 \times 75 + 0{,}1 \times 125 + 0{,}4 \times 175 + 0{,}3 \times 225$

$\overline{x} = 15 + 12{,}5 + 70 + 67{,}5$

$\overline{x} = 165.$

On commence par remplacer chacune des classes par son centre.

Dans un tableau, on peut avoir : effectifs, fréquences ou pourcentages. Les formules sont identiques.

Mémo'Quiz

On considère la série statistique représentée par l'histogramme ci-contre.

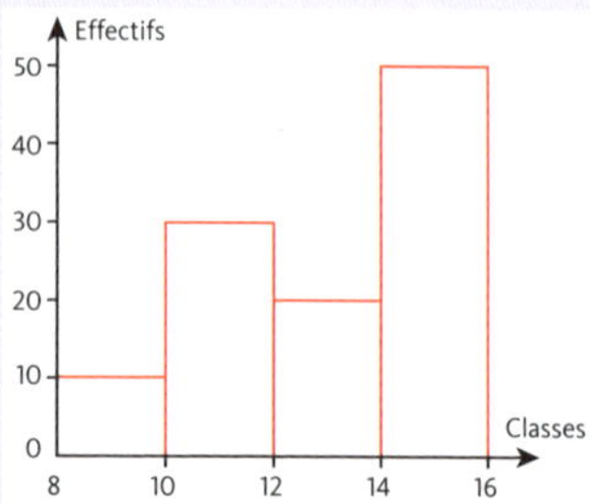

1. Le centre de la deuxième classe est :
❑ 10 ❑ 11 ❑ 12

2. La moyenne de cette série statistique est :
❑ 11 ❑ 12 ❑ 13

3. L'écart-type de cette série statistique est environ :
❑ 2,089 ❑ 110 ❑ 4,364

→ corrigés p. 80

Calculer une médiane, des quartiles

32

Lue Relue Acquise

1 L'essentiel du cours

A La médiane

Définition : La **médiane** d'une série statistique est le réel, noté Me, tel qu'au moins 50 % des valeurs de la série soient inférieures ou égales à Me et au moins 50 % des valeurs de la série soient supérieures ou égales à Me.

Remarque

Lorsque les valeurs sont données sous formes de classes (d'intervalles), on parle de **classe médiane**.

- **Procédé de calcul**

On range les valeurs de la série statistique (par ordre croissant ou décroissant) et on note N l'effectif total.

– Si N est impair, alors $N = 2k + 1$ et la médiane est la $(k + 1)^e$ valeur.

– Si N est pair, alors $N = 2k$ et la médiane est égale à :

$$\frac{\text{la } k^e \text{ valeur} + \text{la } (k+1)^e \text{ valeur}}{2}$$

B Les quartiles

Définitions : Le **premier** [resp. le **troisième**] quartile d'une série statistique, noté Q_1 [resp. noté Q_3], est la valeur de la série telle qu'au moins 25 % [resp. au moins 75 %] des valeurs de la série soient inférieures ou égales à Q_1 [resp. à Q_3].

Remarque

Q_1 et Q_3 sont des valeurs de la série statistique, alors que ce n'est pas toujours le cas pour Me.

- **Procédé de calcul**

On range les valeurs de la série statistique par **ordre croissant** et on note N l'effectif total.

– Si $\frac{25}{100} \times N = k$ avec k un entier naturel, alors Q_1 est la k^e valeur.

– Si $\frac{25}{100} \times N$ n'est pas entier, alors on note k le plus petit entier supérieur à $\frac{25}{100} \times N$ et Q_1 est la k^e valeur.

Astuce du prof

Le calcul de Q_3 est identique : il suffit de remplacer 25 % par 75 %.

Vocabulaire

- L'écart **interquartiles** est le réel $Q_3 - Q_1$.
- **L'intervalle interquartiles** est $[Q_1 ; Q_3]$.

C Schéma récapitulatif

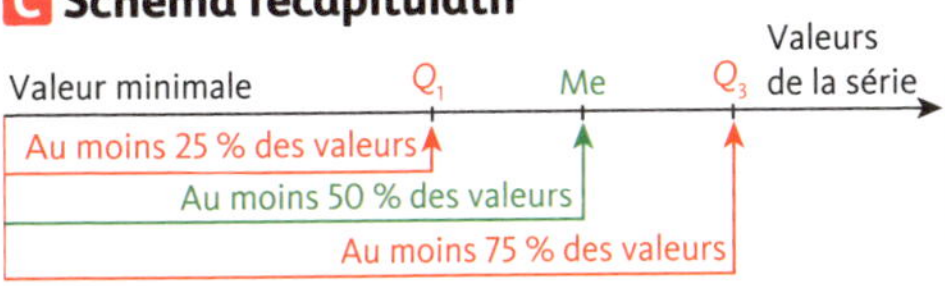

Piège à éviter

Il est indispensable de ranger les valeurs par ordre croissant.

2 Application

EXO **On considère la série statistique ci-dessous. Calculer la médiane et les quartiles de cette série statistique.**

Valeur	10	8	12	15	5
Effectif	2	7	13	4	9

Solution

Valeur	5	8	10	12	15
Effectif	9	7	2	13	4

L'effectif total est $N = 9 + 7 + 2 + 13 + 4 = 35$.

- $N = 35 = 2 \times 17 + 1$.
Donc la médiane est la $(17 + 1)^e = 18^e$ valeur.
Me = 10.

- $\frac{25}{100} \times N = \frac{25}{100} \times 35 = 8{,}75 \notin \mathbb{N}$.
Donc le 1er quartile est la 9e valeur.
$Q_1 = 5$.

- $\frac{75}{100} \times N = \frac{75}{100} \times 35 = 26{,}25 \notin \mathbb{N}$.
Donc le 3e quartile est la 27e valeur.
$Q_3 = 12$.

- Les valeurs ne sont pas rangées : on commence par les ranger par ordre croissant.
- On calcule l'effectif total.
- On applique les procédés de calcul indiqués dans le cours.

Réflexe à avoir

Il est indispensable de savoir utiliser sa calculatrice pour vérifier ou effectuer ces calculs.

Mémo'Quiz

Une série statistique est représentée par le diagramme en bâtons ci-contre.

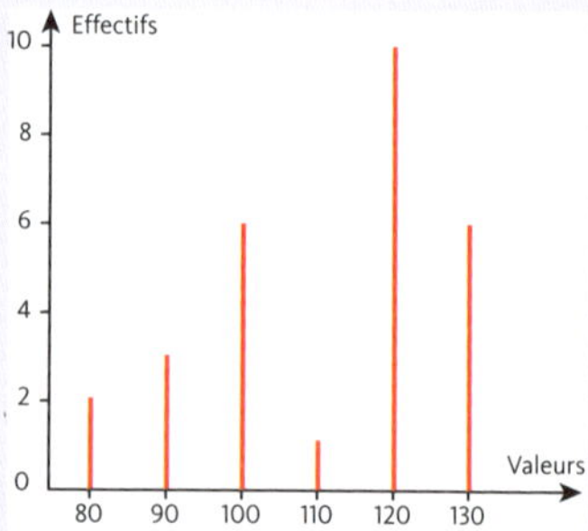

1. L'effectif total est :

❑ 130 ❑ 28 ❑ 30

2. Le premier quartile est :

❑ 7 ❑ 100 ❑ 110

3. La médiane est :

❑ 14 ❑ 110 ❑ 120

4. Le troisième quartile est :

❑ 21 ❑ 120 ❑ 130

→ corrigés p. 80

Modéliser une expérience aléatoire

33

Lue Relue Acquise

1 L'essentiel du cours

A Loi de probabilité sur un univers fini

Définitions :

- Une **expérience** est dite **aléatoire** lorsqu'elle a plusieurs résultats possibles, appelés **issues**, et qu'il n'est pas possible de prévoir lequel de ces résultats sera obtenu.
- L'ensemble des issues x_i est appelé **univers** $\mathcal{U}$.
On note $\mathcal{U} = \{x_1, x_2, ..., x_k\}$.

Exemple : On lance une pièce équilibrée.
Il s'agit d'une expérience aléatoire à deux issues notées x_1 = P (pile) et x_2 = F (face).

Remarque

Aléatoire signifie : basée sur le hasard.

Vocabulaire

Un univers fini est un univers n'ayant qu'un nombre fini d'issues.

Définition :

Définir la loi de probabilité d'une expérience aléatoire, c'est associer à chaque issue x_i un nombre p_i appelé **probabilité** de x_i tel que :

- $0 \leqslant p_i \leqslant 1$;
- $p_1 + p_2 + ... + p_k = 1$.

Remarque

En Seconde, on présente souvent une loi de probabilité sous forme de tableau.

Exemple : La loi de probabilité du lancer d'une pièce équilibrée est donnée par le tableau ci-dessous.

Issue	P	F
Probabilité	$\frac{1}{2}$	$\frac{1}{2}$

On vérifie que $0 \leqslant \frac{1}{2} \leqslant 1$ et que $\frac{1}{2} + \frac{1}{2} = 1$.

Réflexe à avoir

Penser à vérifier que la somme des probabilités est égale à 1.

B Loi de probabilité équirépartie

Définition :

Une **loi** de probabilité est dite **équirépartie** lorsque toutes les issues ont la même probabilité.

Exemple : La loi de probabilité du lancer d'une pièce équilibrée est équirépartie puisque la probabilité que la pièce retombe sur pile est la même que celle qu'elle retombe sur face, soit $\frac{1}{2}$.

2 Applications

EXO 1 **On lance un dé équilibré à 6 faces.**
1. Déterminer l'univers de cette expérience aléatoire.
2. Définir la loi de probabilité de cette expérience aléatoire.

Solution

1. $\mathcal{U} = \{1, 2, 3, 4, 5, 6\}$.

On identifie toutes les issues possibles, sans en oublier.

2.

Issue	1	2	3	4	5	6
Probabilité	$\frac{1}{6}$	$\frac{1}{6}$	$\frac{1}{6}$	$\frac{1}{6}$	$\frac{1}{6}$	$\frac{1}{6}$

On associe, dans un tableau, à chaque issue la probabilité qui lui correspond.

EXO 2 **On lance deux fois de suite une pièce équilibrée.**
1. Déterminer l'univers de cette expérience aléatoire.
2. Définir la loi de probabilité de cette expérience aléatoire.

Solution

1. $\mathcal{U} = \{(P, P) ; (P, F) ; (F, P) ; (F, F)\}$.

2.

Issue	(P, P)	(P, F)	(F, P)	(F, F)
Probabilité	$\frac{1}{4}$	$\frac{1}{4}$	$\frac{1}{4}$	$\frac{1}{4}$

Face ne peut pas être une issue de cette expérience aléatoire : les issues sont des couples du type (Face, Pile). Attention, il faut distinguer (Face, Pile) de (Pile, Face).

Remarque : Pour ces deux exos, les lois de probabilité sont équiréparties.

Mémo'Quiz

On tire au hasard une boule de l'urne ci-contre et on note sa couleur. (Les boules sont indiscernables au toucher.)

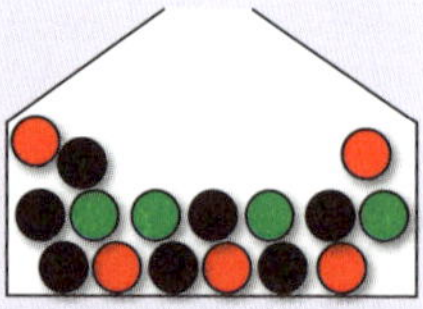

1. $\mathcal{U}$ = {Noire ; Rouge ; Verte}.
❑ Vrai ❑ Faux

2. Il y a autant de chance de tirer une boule verte que de tirer une boule rouge. ❑ Vrai ❑ Faux

3. La loi de probabilité est équirépartie. ❑ Vrai ❑ Faux

4. La loi de probabilité est la suivante : ❑ Vrai ❑ Faux

Issue	Noire	Rouge	Verte
Probabilité	$\frac{7}{16}$	$\frac{5}{16}$	$\frac{1}{4}$

→ corrigés p. 80

Calculer des probabilités d'événements

34

☐ Lue ☐ Relue ☐ Acquise

1 L'essentiel du cours

A Probabilité d'un événement

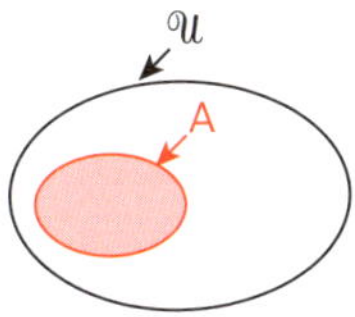

Définition : Un **événement** A est une partie d'un univers $\mathcal{U}$ d'une expérience aléatoire.

Conséquence : A est un ensemble constitué d'issues de $\mathcal{U}$.

Définition : La **probabilité de l'événement** A est le réel, noté P(A), égal à la somme des probabilités des issues de $\mathcal{U}$ qui se trouvent dans A.

B Propriété

Propriété 1 : $P(\varnothing) = 0$; $P(\mathcal{U}) = 1$; $0 \leqslant P(A) \leqslant 1$.

C Contraire, intersection, réunion

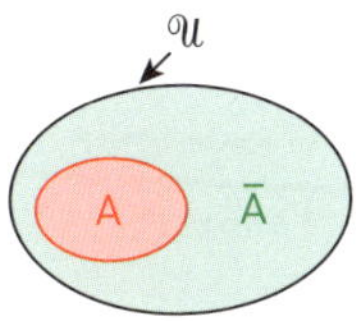

Définition : L'**événement contraire** de A, noté $\overline{A}$, est l'événement constitué de toutes les issues de $\mathcal{U}$ qui ne sont pas dans A.

Propriété 2 : $P(\overline{A}) = 1 - P(A)$.

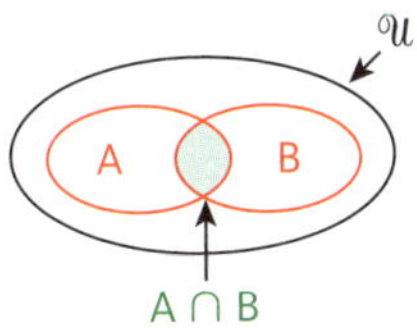

Définition : L'**intersection des événements** A et B, notée $A \cap B$, est l'événement constitué de toutes les issues de $\mathcal{U}$ qui sont dans A **et** dans B.

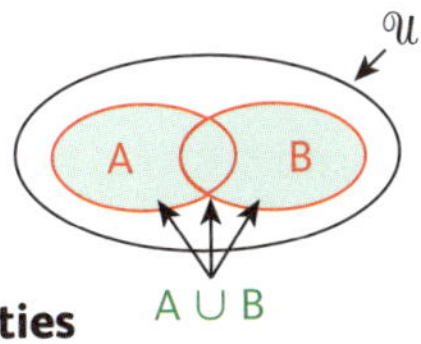

Définition : La **réunion des événements** A et B, notée $A \cup B$, est l'événement constitué de toutes les issues de $\mathcal{U}$ qui sont dans A **ou** dans B.

Propriété 3 : $P(A \cup B) = P(A) + P(B) - P(A \cap B)$.

D Les cas particuliers des lois équiréparties

Propriété : Dans le cas d'une loi équirépartie :

$$P(A) = \frac{\text{nombre d'issues dans A}}{\text{nombre d'issues dans } \mathcal{U}}$$

Remarque

Les lois équiréparties sont définies à la fiche 33.

2 Application

EXO On tire une carte au hasard dans un jeu de 32 cartes.

1. Définir la loi de probabilité de cette expérience aléatoire.

2. On note : A l'événement « la carte tirée est un as » ;
B l'événement « la carte tirée est un trèfle ».

a. Calculer P(A), puis $P(\overline{A})$.

b. Calculer P(B), puis $P(A \cap B)$. En déduire $P(A \cup B)$.

Solution

1.

Issue	7 ♥	7 ♠	7 ♦	7 ♣	...	As ♣
Probabilité	$\frac{1}{32}$	$\frac{1}{32}$	$\frac{1}{32}$	$\frac{1}{32}$	...	$\frac{1}{32}$

On identifie toutes les issues possibles et on présente les résultats sous forme de tableau.

2. a. $P(A) = \frac{4}{32} = \frac{1}{8}$. $P(\overline{A}) = 1 - P(A) = \frac{7}{8}$.

b. $P(B) = \frac{8}{32} = \frac{1}{4}$.

$A \cap B$ est l'événement « la carte tirée est un as **et** un trèfle », donc $A \cap B$ est l'issue « la carte tirée est l'as de trèfle ». $P(A \cap B) = \frac{1}{32}$.

$$P(A \cup B) = P(A) + P(B) - P(A \cap B)$$
$$= \frac{1}{8} + \frac{1}{4} - \frac{1}{32} = \frac{11}{32}.$$

Comme il s'agit d'une loi équirépartie, on compte le nombre d'issues dans les événements et on divise par le nombre total d'issues : 32.

On utilise les propriétés 2 et 3 du cours.

Mémo'Quiz

Sur 30 élèves d'une classe de Seconde d'un lycée de Saint-Nazaire, 10 pratiquent le tennis, 16 pratiquent un sport nautique et 7 pratiquent les deux. On note T l'événement « l'élève choisi pratique le tennis » et N l'événement « l'élève choisi pratique un sport nautique ».
Pour chaque question, il y a 2 réponses correctes.

1. La probabilité qu'un élève choisi au hasard ne pratique que le tennis est :

❏ $P(T \cap \overline{N})$ ❏ $P(T \cup N)$ ❏ $\frac{1}{10}$ ❏ $\frac{1}{3}$

2. La probabilité qu'un élève choisi au hasard pratique les deux sports est :

❏ $P(T \cup N)$ ❏ $P(T \cap N)$ ❏ $\frac{7}{30}$ ❏ $\frac{26}{30}$

3. La probabilité qu'un élève choisi au hasard pratique au moins l'un des deux sports est :

❏ $P(T \cup N)$ ❏ $P(T \cap N)$ ❏ $\frac{17}{30}$ ❏ $\frac{19}{30}$

→ corrigés p. 80

Estimer une proportion à partir d'un échantillon

35

Lue Relue Acquise

1 L'essentiel du cours

A Cadre d'étude

On s'intéresse à un caractère présent chez certains individus d'une population.

- En prélevant, au hasard et avec remise, n individus de cette population, on obtient un **échantillon de taille *n***.
- La **fréquence f du caractère** de l'échantillon est alors connue.
- La **proportion *p* du caractère** sur toute la population est, en général, inconnue.

Remarque : Cette proportion p est aussi la probabilité qu'un individu, choisi au hasard dans la population, présente le caractère étudié.

Définition : Suivant l'échantillon qui est prélevé, la fréquence f peut changer. Ce phénomène, dû au hasard, est appelé **fluctuation d'échantillonnage**.

B Loi des grands nombres

Principe : Pour une expérience aléatoire donnée, les distributions des fréquences obtenues, lorsqu'on répète l'expérience un grand nombre de fois, se rapprochent de la probabilité associée.

Exemple : En lançant 3 fois une pièce, on peut obtenir 2 fois pile ; en la lançant 50 fois, on peut obtenir 23 fois pile ; ... ; en la lançant 1 000 fois, on peut obtenir 509 fois pile : on se rapproche peu à peu de la probabilité $\frac{1}{2}$ d'obtenir pile.

Remarque

Ce principe, à la base des probabilités et utile pour l'échantillonnage, n'est pas à connaître par cœur, mais il est nécessaire de le comprendre.

Remarques :

Il faut retenir deux choses :

- la fréquence f observée dans l'échantillon permet de donner une estimation de p ;
- plus la taille n de l'échantillon est grande, plus l'estimation de p est précise.

2 Applications

EXO 1 **On interroge, au hasard et avec remise, 250 individus d'un village et on leur demande s'ils pratiquent un sport en club. 79 d'entre eux répondent « oui ». Estimer la proportion d'habitants de ce village qui pratiquent un sport en club.**

Solution

La taille de l'échantillon est $n = 250$. La fréquence de « oui » observée est $f = \frac{79}{250} = 0{,}316$. On peut alors estimer que la proportion d'habitants qui pratiquent un sport en club est $p = 0{,}316$.

Identifier la taille de l'échantillon, puis calculer la fréquence observée f afin de donner une estimation de la proportion.

EXO 2 **On a testé un dé à six faces pour savoir s'il était ou non truqué, en le lançant 1000 fois. Que peut-on penser de ce dé ?**

Numéro obtenu	1	2	3	4	5	6
Nombre de lancers	165	170	168	172	112	213

Solution

Pour le numéro 6, la fréquence observée est $f = \frac{213}{1000} = 0{,}213$. La probabilité d'obtenir 6 avec ce dé est donc proche de 0,213 et assez éloignée de $\frac{1}{6}$. Ce dé est très certainement truqué.

Mémo'Quiz

Trois candidats, notés A, B et C, se présentent à une élection.
On a interrogé un échantillon de votants et on leur a demandé pour qui ils allaient voter.

Candidat	A	B	C
Nombre de voix dans l'échantillon	214	312	274

1. La taille de l'échantillon est :
❑ 214 ❑ 1 ❑ 800

2. La fréquence observée du caractère A est :
❑ 0,2675 ❑ 0,365 ❑ 0,05

3. La proportion de votants pour le candidat C est proche de :
❑ 0,24 ❑ 0,34 ❑ 0,44

→ corrigés p. 80

Connaître les instructions élémentaires avec Python

36

Lue Relue Acquise

1 L'essentiel du cours

A Notion de variable

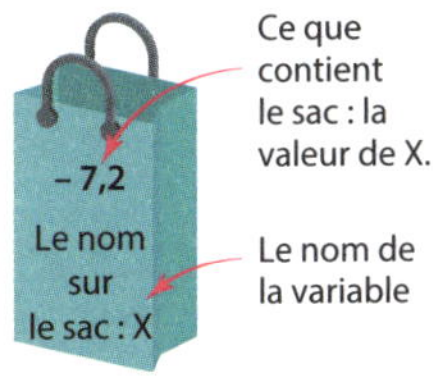

Dans un programme, une **variable** est repérée par son nom (par exemple X) et elle possède une valeur (par exemple –7) qui peut évoluer au cours du programme.

Il existe différents types de variables :

- un nombre entier : avec Python **int()**
- un nombre flottant, c'est-à-dire à virgule : avec Python **float()**
- une liste d'objets : avec Python **L = []**
- un nombre aléatoire entre 0 et 1 : avec Python **random**
- un nombre entier aléatoire entre *a* et *b* : avec Python **randint(a,b)**.

B Les instructions élémentaires

	Algorithme	Python
Entrée	Saisir un nombre A	`A=float(input())`
Affectation	X ← –7,2	`X=-7.2`
Sortie	Afficher A et X	`print(A,X)`

Remarque

Affectation signifie que l'on donne à la variable *X* la valeur –7,2.

Remarques :

- Pour qu'un texte s'affiche lorsqu'on fait fonctionner le programme, il suffit de le mettre entre guillemets.
- En langage Python, a^k s'écrit *a**k*.

2 Applications

EXO 1 **Écrire l'algorithme ci-contre en langage Python.**

> N est un nombre entier aléatoire compris entre 2 et 7.
> X ← 5 × N
> Afficher « la valeur de X est : »
> Afficher X

Solution

```
from random import*
N=randint(2,7)
X=5*N
print("La valeur de X est :",X)
```

Penser à utiliser le bon type de variable.

Certains types de variable, comme ici un nombre aléatoire, nécessitent d'utiliser une bibliothèque, ici from random import*.

EXO 2 **Écrire en langage Python un algorithme qui donne l'aire d'un triangle lorsqu'on indique la hauteur *h* et la base correspondante *b*.**

Solution

```
h=float(input())
b=float(input())
A=b*h/2
print("L'aire du triangle est :",A)
```

Ici, il faut saisir deux variables, la hauteur *h* et la base *b*, et utiliser une troisième variable qui donne l'aire, *A*.

Mémo'Quiz

f est la fonction définie sur $\mathbb{R}$ par $f(x) = 5x^2 + 1$.

```
from math import*
x=float(input())
y=5*x**2+1
print(y)
```

1. Le programme ci-contre affiche la valeur de l'image d'un nombre *X* par la fonction *f*.

❑ Vrai ❑ Faux

2. *X* est la seule variable du programme.

❑ Vrai ❑ Faux

3. Lorsqu'on saisit 1,5 en entrée, le programme affiche 12,25 en sortie.

❑ Vrai ❑ Faux

4. Lorsque le programme affiche 6 en sortie, c'est qu'on a saisi 1 en entrée.

❑ Vrai ❑ Faux

→ corrigés p. 80

Utiliser une condition ou une boucle avec Python

37

Lue Relue Acquise

1 L'essentiel du cours

A La structure « Si… alors… sinon… »

- On fait effectuer une action ou un calcul **si** une certaine condition est vérifiée ; si elle n'est pas vérifiée **alors** : soit l'action ou le calcul s'arrête soit, à l'aide du **sinon**, on fait effectuer une autre action ou un autre calcul.
- En langage Python, on écrit :

```
if condition :
    action ou calcul
else:
    action ou calcul
```

Piège à éviter

Attention à bien respecter les espaces et les décalages !

B La boucle « Pour… allant de… à… »

- On fait **répéter** une action un **nombre de fois décidé à l'avance**.
- Si on a besoin de faire répéter une action 10 fois, on écrira par exemple : « Pour *i* allant de 1 à 10 » ou « Pour *i* allant de 0 à 9 ».
- En langage Python, on écrit :

```
for i in range (1,n+1):
```

Piège à éviter

Pour que *i* aille de 1 à *n*, il faut écrire : range (1,n+1).

C La boucle « Tant que… faire… »

- On fait **répéter** une action **tant qu'une** certaine **condition**, fixée à l'avance, **reste vraie**. Dès que la condition devient fausse, l'action s'arrête.
- En langage Python, on écrit :

```
while condition:
```

Remarque

Contrairement à la boucle bornée « Pour », on ne sait pas ici combien de fois l'action sera répétée.

2 Applications

EXO 1 ABC est un triangle dont on connaît les trois longueurs : $l = AB$, $m = BC$ et $n = AC$.

1. Écrire un algorithme qui affiche en sortie si le triangle ABC est ou non rectangle en B.

2. Programmer cet algorithme en langage Python.

Solution

1.

Saisir les nombres l, m, n.
Si $n^2 = l^2 + m^2$ alors
  Afficher « ABC est rectangle en B »
Sinon
  Afficher « ABC n'est pas rectangle en B »
Fin Si

2.

```
from math import*
l=float(input())
m=float(input())
n=float(input())
if n**2==l**2+m**2:
    print("ABC est rectangle en B")
else:
    print("ABC n'est pas rectangle en B")
```

En langage Python, la condition $A = B$ s'écrit A==B.

EXO 2 **Une entreprise a constaté que, chaque année, elle perd 5 % de ses clients de l'année et elle fait signer de nouveaux contrats à 60 nouveaux clients.**
Cette année, elle compte 2 000 clients.
Compléter cet algorithme pour qu'il affiche en sortie le nombre de clients de l'entreprise dans dix ans.

C ← [ ]
Pour i allant de [ ]
  C←C × 0,95 + 60
Fin Pour
Afficher C

Solution

Dans le premier cadre vert, il faut écrire **2 000** (on initialise C à 2 000).
Dans le second cadre vert, il faut écrire **1 à 10** (on fait répéter dix fois, c'est-à-dire dix ans, cette opération).

```
from math import*
C=2000
for i in range(1,11):
    C=C*0.95+60
print(C)
```

Mémo'Quiz

Le nombre d'individus d'une espèce animale baisse de 4 % chaque année. Cette année, on dénombre 2 500 individus. On estime que l'espèce sera gravement en danger lorsqu'elle comptera moins de 500 individus.
On a traduit cette situation en langage Python.

```
from math import*
N=[ ]
i=0
while [ ]
    N=N-4/100*N
    i=i+1
print(i)
```

1. **Dans le cadre rouge, il faut écrire : 2 500.**
   ❑ Vrai ❑ Faux
2. **Dans le cadre vert, il faut écrire : N ⩾ 500.** ❑ Vrai ❑ Faux
3. **En sortie, le programme indique dans combien d'années l'espèce sera gravement en danger.** ❑ Vrai ❑ Faux

→ corrigés p. 80

Corrigés

1. **1.** Vrai **2.** Vrai **3.** Faux **4.** Faux **5.** Faux

2. **1.** 43 **2.** $2 \times 3^3 \times 5$ **3.** $3 \times 5^2 \times 7$ **4.** $\frac{35}{18}$

3. **1.** $-4 \leqslant x \leqslant 7$ **2.** $x > 3$ **3.** $]3\,;7]$ **4.** $[-4\,;+\infty[$

4. **1.** Faux **2.** Vrai **3.** Vrai

5. **1.** 0,1 **2.** 4 **3.** $2\sqrt{2}$ **4.** -1

6. **1.** $4x^2 - 24x + 49$ **2.** $(2x+3)(-x-2)$ **3.** $x = -2$ ou $x = -\frac{3}{2}$ **4.** $x = \frac{3}{7}$

7. **1.** Faux **2.** Faux **3.** Vrai **4.** Vrai **5.** Faux

8. **1.** Vrai **2.** Vrai **3.** Faux

9. **1.** Faux **2.** Faux **3.** Vrai **4.** Vrai

10. **1.** Vrai **2.** Vrai **3.** Faux **4.** Faux

11. **1.** $(-2\,;-3)$ **2.** $(1\,;3)$ **3.** $(5\,;-1)$ **4.** $(7\,;1)$ **5.** $\overrightarrow{AB} = \overrightarrow{CD}$

12. **1.** $(6\,;3)$ **2.** $(11\,;1)$ **3.** $D(9\,;2)$ **4.** $(-7\,;-8)$

13. **1.** Vrai **2.** Faux **3.** Faux **4.** Faux **5.** Vrai

14. **1.** Faux **2.** Faux **3.** Vrai **4.** Vrai

15. **1.** Faux **2.** Vrai **3.** Vrai **4.** Vrai

16. **1.** Vrai **2.** Faux **3.** Vrai **4.** Vrai

17. **1.** 21,4 **2.** 26,2 **3.** 40° **4.** 50°

18. **1.** $\sqrt{0{,}84}$ **2.** 0,44 **3.** $\frac{\sqrt{3}}{2}$ **4.** $\sqrt{3}$ **5.** $\frac{\sqrt{2}}{2}$

19. **1.** Vrai **2.** Vrai **3.** Faux **4.** Vrai **5.** Faux

20. **1.** -3 **2.** $\vec{u}(-2\,;3)$ **3.** $\vec{v}(3\,;2)$ **4.** $-2x + 3y - 11 = 0$

21. **1.** $y = 3x + 1$ **2.** $y = -x + 4$ **3.** $y = \frac{4}{7}x + \frac{9}{7}$ **4.** $y = -\frac{5}{4}x + \frac{1}{2}$

22. **1.** Faux **2.** Vrai **3.** $(-1\,;2)$ **4.** Vrai

23. **1.** $2{,}135^2 < 3{,}205^2$ **2.** $x^2 \in [0\,;25[$

3. $\frac{1}{-0{,}2} < \frac{1}{-0{,}3} < \frac{1}{0{,}3}$ **4.** $x \in \left]0\,;\frac{1}{2}\right[$

24. **1.** Vrai **2.** Vrai **3.** Faux **4.** Vrai **5.** Faux **6.** Faux

25. **1.** 3 **2.** -3 et 7 **3.** $[-4\,;-3]$ **4.** -2 ; 1 ou 6

26. **1.** f est paire **2.** g est impaire **3.** h est quelconque

27. **1.** Vrai **2.** Faux **3.** Vrai

28. **1.** [– 5 ; 8] **2.** [8 ; 10] **3.** – 3 **4.** [2 ; 10]

29. **1.** $V_1 = 4{,}2$ **2.** $t = -11\ \%$ **3.** $t \approx 43\ \%$ **4.** 0,32

30. **1.** Faux **2.** Vrai

31. **1.** 11 **2.** 13 **3.** 2,089

32. **1.** 28 **2.** 100 **3.** 120 **4.** 120

33. **1.** Vrai **2.** Faux **3.** Faux **4.** Vrai

34. **1.** $P(T \cap \overline{N})$ et $\frac{1}{10}$ **2.** $P(T \cap N)$ et $\frac{7}{30}$ **3.** $P(T \cup N)$ et $\frac{19}{30}$

35. **1.** 800 **2.** 0,2675 **3.** 0,34

36. **1.** Vrai **2.** Faux **3.** Vrai **4.** Vrai

37. **1.** Vrai **2.** Vrai **3.** Vrai

Direction éditoriale : Raphaëlle Mourey
Coordination éditoriale : Julie Langlais
Édition : Fanny Morquin
Conception graphique intérieur : Julie Lannes
Couverture : Frédéric Jély
Schémas : Coredoc
Compositeurs : Linéale
Fabrication : Adeline Caillot

Achevé d'imprimer en Espagne par Macrolibros - 10258701 - Décembre 2019